AF366565

VUES
DE LA CRÉATION.

IMPRIMERIE DE H. FOURNIER,
RUE DE SEINE, n° 14.

VUES

DE LA CRÉATION,

OU

MERVEILLES DE LA NATURE,

CONSIDÉRÉES PAR RAPPORT AUX ÊTRES ANIMÉS
ET AU SYSTÈME GÉNÉRAL DU MONDE.

OUVRAGE IMITÉ DE L'ANGLAIS.

*Cœli enarrant gloriam Dei,
et òpera manuum ejus annun-
tiat firmamentum.* Ps. 18. v. 1.

Les cieux racontent la gloire
de Dieu, et le firmament an-
nonce l'œuvre de ses mains.

A PARIS,

CHEZ FAYOLLE,

RUE DU REMPART-SAINT-HONORÉ;

ET CHEZ H. FOURNIER J*,

RUE DE SEINE, N° 14.

———

1829.

MADAME ,

Il y a trois ans que la Société d'instruction élémentaire de Paris daigna couronner un opuscule que j'avais extrait de plusieurs ouvrages anglais, particulièrement de la *Théologie naturelle* du docteur Patey. Des personnes du plus grand mérite ont regardé cet opuscule comme le grand livre de la nature ouvert à tous les âges et à toutes les classes, et m'ont fortement invité à le publier. Je me suis, au bout de trois années, rendu à leurs instances ; en voici la raison : je désirais que cet ouvrage parût sous les auspices d'une femme accomplie ; talens , vertus , aménité de caractère, esprit délicat, finesse de tact, sensibilité expansive, piété solide et tendre, tel était, Madame, le fantôme que mon imagination croyait avoir enfanté, sans qu'elle se doutât que la nature eût produit une femme qui pût jamais réaliser ses conceptions. Madame, depuis que j'ai eu l'honneur de vous connaître, mon imagination, que je croyais si riche et si féconde, a pâli devant la réalité; vous avez surpassé mon modèle fantastique. Ah! combien il m'est doux de vous rendre cet hommage! En effet, Madame, ce qu'on appelle le beau idéal n'existe que pour les personnes qui n'ont jamais eu le bonheur de vous approcher. Où trouver ailleurs la dignité jointe à la douceur, des talens, et des vertus dignes de toute admiration? Permettez, Madame, à un homme dont l'indépendance du caractère et des opinions est connue en Europe, de s'abandonner un instant à la sensibilité de son cœur, et de vous rendre un hommage pur et désintéressé. Vous répandez autour de vous une atmosphère de félicité qui fait oublier les peines de la vie. Femme pieuse et sublime, vos compositions musicales retentissent dans nos principales églises, et en ravissant les fidèles, raniment dans leurs cœurs la piété et l'amour de la religion. Vos pinceaux délicats retracent les beautés de la nature, et leur prêtent de nouveaux charmes, en relevant par une douce élégance leur naïve simplicité. Votre conversation enchanteresse, toujours spirituelle sans affectation, vous concilie autant d'admirateurs qu'il y a de personnes admises au bonheur de vous voir et de vous entendre. Combien je m'estime heureux d'être au nombre de celles que vous daignez accueillir ! Après avoir parcouru long-temps, sans sortir de Paris, des déserts arides, ingrats, brûlans, j'ai enfin trouvé dans votre hôtel un Oasis. Vivez long-temps, Madame, pour le bonheur de vos amis, et sur-tout pour celui de votre illustre époux qui relève encore le sang royal d'Es-pagne et de France qui coule dans ses veines, par l'éclat des vertus, la phi-lanthropie de son caractère, l'étendue, la profondeur de ses connaissances, et les inappréciables services qu'il ne cesse de rendre à la littérature et aux sciences exactes, morales et historiques. L'ou-vrage que j'ose publier sous vos aus-pices, Madame, est éminemment re-ligieux, il produira sans doute des fruits salutaires en offrant à la jeunesse des notions suffisantes sur tout ce qu'il lui importe particulièrement de con-naître. Dirigé vers un but aussi louable, faisant son entrée dans le monde sous votre protection, et honoré de votre faveur, il nous survivra sans doute. Dans une autre et meilleure vie, nous recueillerons peut-être l'avantage, vous d'en avoir favorisé la publication, moi de l'avoir préparée. Je saisis cette occasion pour vous donner une faible marque de mon dévouement respectueux et de ma reconnaissance. Battu long-temps par les orages et déchiré par les aquilons, le frêle esquif chargé de mes destins était prêt à se briser, lorsqu'il trouva le port du salut dans la rue de La Rochefoucault. Je puis donc dire avec un poète dont vous entendez si bien la langue :

Inveni portum : spes et fortuna, valete;
Sat me lusistis, ludite nunc alios.

Livré maintenant à d'importantes occupations historiques, philosophiques et littéraires, permettez-moi, Madame, de terminer cette courte épître en disant avec le jeune Anacharsis :
« Vous, que j'ai l'avantage de connaître,
« Arsame, Phédime, illustres époux,

vj

« combien de fois vos noms brillèrent à
« mes yeux, lorsque j'ai eu à peindre
« quelques grandes qualités du cœur
« et de l'esprit, lorsque j'ai eu à parler
« de bienfaits et de reconnaissance.
« Tout ce que je désire après ma mort,
« c'est que sur la pierre qui couvrira
« ma cendre, on grave profondément
« ces mots : IL OBTINT LES BONTÉS D'ARSAME
« ET DE PHÉDIME. »

Daignez agréer l'hommage du profond respect avec lequel j'ai l'honneur
d'être,

    Madame,

        Votre très-humble et très-
obéissant serviteur,

        CONSTANTIN.

Paris, 24 avril 1829.

EXTRAIT

DU PROCÈS-VERBAL DE LA SÉANCE GÉNÉRALE
DU 5 AVRIL 1826.

La Société pour l'instruction élémentaire, réunie en assemblée générale le 5 avril 1826, après avoir entendu le rapport de la commission chargée de l'examen des ouvrages envoyés au concours pour la composition de livres élémentaires et la proposition de son conseil d'administration, décerne, conformément aux conditions du programme publié, un prix au Mémoire n° 6 qui a pour titre : *Vues de la Création ou Merveilles de la Nature considérées par rapport aux êtres animés et au système général du Monde*, et pour auteur, M. *Constantin*, avocat, demeurant rue Saint-Jacques, n° 91, à Paris.

Pour extrait conforme,

Le Secrétaire-Général,

B. DE GERANDO.

PRÉFACE
DU TRADUCTEUR.

Après les livres saints, qui nous révèlent le secret de notre origine et de notre destination, il n'en est pas de plus utiles que ceux qui développent à nos yeux les merveilles de la nature; celui que nous présentons au public réunit ce dernier avantage à un degré suprême : il ne contient pas une phrase qui ne nous démontre la toute-puissance, la sagesse et l'inépuisable bonté du Créateur : nous voyons ce triple caractère empreint dans la composition du plus chétif insecte, comme dans les mouvemens de ces globes immenses qui roulent à quelques millions de lieues au-dessus de nos têtes. Il ne s'agit pas ici de systèmes plus ou moins adroitement élaborés, d'opinions plus ou moins ingénieuses, mais toujours sujettes à controverse; il n'est question que d'objets qui frappent habituellement nos regards dans tous les temps et dans tous les lieux.

L'enfant et le vieillard , l'homme instruit comme l'ignorant , peuvent lire avec le même avantage dans le grand livre de la nature : tout y est sublime , parce que tout y est simple. L'aile d'une chauve-souris , l'aiguillon d'une abeille , la trompe d'un insecte , l'organisation du plus méprisable reptile , tout est pour nous objet de surprise et d'adoration.

Des philosophes célèbres ont parcouru le monde pour y chercher des sciences incertaines et peu utiles : ils pouvaient à moins de frais contenter leur envie; ils n'avaient qu'à regarder autour d'eux. La nature offrait des ressources plus que suffisantes à leur avidité de s'instruire.

Le petit livre que nous publions est le précis des plus profonds ouvrages des philosophes qui ont réduit en système les sciences naturelles. On y trouvera des détails assez étendus sur la physiologie, l'ornithologie, l'ichtyologie , enfin sur tout le règne animal. L'auteur anglais à qui nous avons particulièrement emprunté les principaux détails de cet ouvrage, n'a pas voulu nous laisser

constamment sur ce petit globe sublunaire,
il nous a transportés dans l'immensité des
mondes : ses notions astronomiques sont
tout-à-fait neuves.

Ce qu'il y a d'important encore dans ce
livre, c'est que les descriptions qu'il nous
offre ne sont hérissées d'aucuns termes scien-
tifiques qui obstruent l'accès du sanctuaire
des sciences. Nous avons cherché à nous
mettre à la portée de toutes les classes ;
nous avions à peindre la nature ; c'est elle
qui a formé nos pinceaux et broyé nos couleurs. Nous osons croire que cet ouvrage est
une copie exacte du grand modèle qui est
sorti des mains du Créateur.

Ce livre a été écrit sous la dictée de la religion : les sentimens qu'il inspire nous portent partout à reconnaître deux grandes
vérités, l'existence de Dieu et l'immortalité
de l'ame, qui ne furent ignorées d'aucun
peuple : partout il nous fait saisir la main
du Créateur, et nous prouve, par des raisons
tirées des métamorphoses de plusieurs insectes, la vraisemblance et la presque certitude de l'immortalité de l'ame, vraisem-

blance à laquelle la religion a donné le sceau d'une certitude complète.

Cet ouvrage se termine par un terrible épisode, celui de la destruction du monde et du jugement dernier. Dans l'ordre naturel, on a prouvé que la Providence a toujours placé la ressource à côté du besoin. Dans l'ordre religieux et moral, on voit la miséricorde et la justice, des récompenses éternelles accordées aux hommes qui ont suivi l'impulsion donnée par le Créateur, et des supplices également éternels pour ceux qui ont bravé ses décrets et étouffé la triple voix de la religion, de la conscience et de la nature.

Ceux qui liront cet ouvrage exempts de passions et de préjugés, verront s'écrouler devant eux les systèmes d'une philosophie irréligieuse; ils se sentiront portés naturellement à adorer un être qui étend ses soins paternels sur le ciron le plus imperceptible comme sur les globes immenses qui se balancent dans les airs. S'ils se sentent écrasés sous le poids d'une puissance infinie, ils reprendront courage en pensant à l'inépui-

sable bonté de cette puissance. Rien n'é
chappe à ses regards, mais aussi rien n'é-
chappe à sa sollicitude : nous ne sommes
que des atomes devant elle, mais ces atomes
en conçoivent l'immensité, contemplent ses
ouvrages, et peuvent s'élever jusqu'à elle
par la reconnaissance et par l'adoration,
comme elle s'abaisse jusqu'à nous par l'é-
tonnante persévérance de ses soins paternels.
Aucun cheveu ne tombe de notre tête sans
sa permission.

Ceux qui liront cet opuscule y verront
une hymne chantée en l'honneur de l'Éternel. Ils cesseront de voir dans la nature une
matière inerte dirigée par un mouvement
aveugle; ils s'élèveront à la connaissance
d'un être qui anime tout de son souffle fé-
cond, et qui répand partout les trésors de
son intarissable bonté. Ils verront que cet
être, qui nous offre tant de merveilles sur
la terre, ne nous présente qu'un prélude de
celles qui doivent être mises sous nos yeux
lorsque nous serons débarrassés des gros-
sières enveloppes de notre corps mortel.

VUES DE LA CRÉATION,

OU

MERVEILLES DE LA NATURE.

PREMIÈRE PARTIE.

CHAPITRE PREMIER.

Nous ne pouvons jeter un coup d'œil sur les objets que la nature nous présente, sans penser au Créateur qui les a produits : ce sentiment gravé dans nos ames est la base de la religion. Le monde alors doit être un temple, et notre vie entière un acte perpétuel d'adoration. Sans le spectacle de la nature, nous penserions rarement à la Divinité ; mais tout ce qu'il offre à nos yeux nous en rappelle l'idée sans cesse : chaque corps naturel devient pour nous un témoin de la sollicitude du Créateur.

Les merveilles que nous rencontrons dans les ouvrages de la nature sont mille fois plus nombreuses et plus variées que celles de l'art. Dans une foule de cas, elles dépendent évidemment d'un mécanisme qui dénote dans son objet final les inventions les plus parfaites que le génie de l'homme aurait pu créer.

ÉLÉMENS DE PHYSIOLOGIE.

§ 1er. *De l'œil.*

Si, par exemple, nous comparons les yeux de différens animaux, nous verrons qu'ils ont été formés sur un plan général parfaitement adapté aux objets : dans l'œil, nous apercevons un mécanisme qui ne pouvait être l'ouvrage que d'un tout-puissant artiste : l'œil se compose de trois substances distinctes, modelées comme les verres d'un télescope ; il y a de plus, entre ces trois substances, trois liquides clairs et transparens, par lesquels passent aisément les rayons de lumière qui s'échappent d'un objet : il y a ensuite une espèce de rideau noir (la seule membrane du corps qui ait cette couleur) qui s'étend derrière l'œil, de manière à recevoir l'image des objets à travers les substances transparentes dont nous venons de parler : il est placé derrière ces substances à la distance précisément déterminée pour offrir une image distincte; enfin il y a dans l'œil un nerf fort étendu qui communique entre cette membrane et le cerveau. Sans ce nerf, l'effet de la lumière sur la membrane serait neutralisé, il n'y aurait pas de sensation.

On peut comprendre la manière dont la vision est produite en prenant l'œil d'un animal qui vient d'être tué; si l'on ferme les volets d'une chambre et que l'on place cet œil à un trou ou à une fente par où pénètre la lumière, quel que soit l'objet qu'on lui présente, il en offrira une image parfaite peinte sur sa membrane postérieure. La partie de l'œil qui reçoit cette image est une membrane extrêmement délicate et déliée, comme nous l'avons dit; elle communique avec le cerveau. L'œil est l'organe le plus tendre du corps humain.

En considérant le pouvoir de la vue, nous ne pouvons penser sans étonnement à la petitesse de l'image qui se forme au fond de l'œil, et à la délicatesse des traits qui la composent. Le paysage le plus étendu ne comprend dans l'œil qu'un demi-pouce de largeur, et la multitude des objets que comprend ce paysage se reproduit dans l'œil sous toutes leurs formes, situations, dimensions et couleurs.

L'espace qui s'offre à nous du haut de la montagne la plus élevée, n'occupe, pour ainsi dire, qu'un point dans l'œil. Une diligence en traversant une demi-lieue de pays, ne traverse réellement dans l'œil que la douzième partie d'un pouce ; ce mouvement y est distinctement aperçu dans tous ses progrès : ce qui nous prouve que dans les mains du Créateur il n'y a pas de différence entre le grand et le petit.

C'est une chose remarquable que l'intérieur de l'œil offre une exacte ressemblance avec le microscope ; mais il est infiniment plus compliqué dans ses parties, et mieux adapté à son objet.

Celui qui a regardé au travers d'un télescope sait que, pour apercevoir un objet éloigné, il doit allonger le tube contenant le verre qui le termine, et qu'il doit au contraire raccourcir le tube pour voir un objet tout proche. L'œil fait la même chose : il est garni d'un nombre de muscles qui le mettent à même d'allonger ou de raccourcir, selon l'occasion, la distance qui existe entre les deux côtés de l'œil, qui sont dans le fait autant de verres.

On peut remarquer dans tout ce qui appartient à l'œil de grands moyens conservatifs : il est placé dans une orbite forte, profonde et osseuse, composée de l'assemblage de sept os différens, creux à leur extrémité; dans cette orbite l'œil est environné d'une substance grasse, aussi favorable à son repos qu'à sa mobilité. Il est de plus garanti par le sourcil qui, semblable à un toit couvert de chaume, empêche la sueur du front de tomber dans l'œil; mais il est encore mieux protégé par la paupière qui, en raison de son inconcevable agilité, est toujours prête à l'humecter ou à le tenir clos pendant le sommeil. L'art offre-t-il rien de comparable aux fonctions que remplit la paupière?

Pour conserver l'œil dans un état d'humidité et de clarté, qualités essentielles à son action, il y a toujours une espèce de bassin qui lui fournit l'eau qui lui est nécessaire, et dont le superflu s'écoule dans le nez par un os large comme une plume d'oie.

Ce fluide entre dans le nez, s'étend dans l'intérieur des narines, et se sèche par le courant d'air échauffé que la respiration y fait passer constamment. Quelle invention admirable d'avoir non-seulement placé l'œil dans l'état d'où dépend la vue, mais encore d'en avoir éloigné l'humidité qui, ayant rempli son objet, ne lui était plus nécessaire! Cette humidité s'échappe par un creux formé dans un os, et par un canal qui en sort.

Cette liqueur qui humecte les yeux et le trou par où elle passe, ne se trouvent pas dans les poissons, parce que l'eau dans laquelle ils vivent leur offre un moyen perpétuel de tenir leurs yeux humides.

Quand nous ne ferions attention qu'à ce seul ouvrage du Créateur, l'examen de l'œil, les peaux qui le couvrent, ses humeurs, sa transparence, la forme du corps limpide qu'il renferme et qui retrace l'image des objets aperçus, la membrane où se peignent ces objets, la paupière, la communication avec le nez, nous verrions que tout cela constitue un appareil si manifeste dans son but, si exquis dans sa composition, si précieux et si souverainement utile dans son usage, qu'il suffirait pour exciter notre reconnaissance et notre admiration.

Il serait absurde de dire que tout cela est l'effet du hasard. Eh! qu'a donc jamais fait le hasard? *Dans le corps humain, par exemple, il peut produire une verrue, une loupe, un bouton, mais jamais un œil.* Pourrait-il faire naître un œil dans le genou ou dans l'épaule? Une motte, un caillou peuvent, aux yeux d'un ignorant, paraître l'effet du hasard; mais une horloge, un télescope ou toute autre machine ne seront jamais regardés comme son ouvrage.

§ 2. *De l'oreille.*

Si de l'examen de l'œil nous passons à celui de l'oreille, nous verrons qu'elle est également l'œuvre de la sagesse suprême. Considérons pourquoi le Créateur a formé cet organe double ; n'est-ce point pour que le son pût arriver plus vite, et pour suppléer au défaut que pourrait éprouver une partie de cet organe ? Le sens de l'ouïe, comme celui de la vue, dépend d'un nerf qui conduit le son au cerveau. Quand nous examinons que souvent les sons nous préservent d'un danger imminent, nous devons bénir le Créateur qui a placé cet organe de manière à ce que nous fussions promptement avertis de ce danger.

La situation de cet organe est parfaitement adaptée aux besoins de chaque animal. Dans l'homme, il convient spécialement à sa stature droite ; dans les oiseaux, il n'a rien de saillant, il ne peut donc entraver leur vol à travers les airs; dans les quadrupèdes, il a des formes différentes; le lièvre, sujet à être poursuivi, a les oreilles en arrière pour saisir les sons qui l'avertissent qu'on est à sa poursuite; les animaux chasseurs ont les oreilles en avant pour découvrir les objets de proie; la taupe, contrainte de miner pour se loger et se nourrir, n'a point d'oreilles extérieures, mais seulement un trou entre la tête et les épaules, percé derrière la tête, et couvert d'une épaisse et courte fourrure pour préserver l'animal.

Quand un homme a l'oreille coupée, les sons ne lui parviennent plus que confusément; s'il veut les recevoir d'une manière plus distincte, il doit appliquer le creux de la main à cette partie ou y introduire un cornet. Le passage de l'extérieur de l'oreille à son extrémité est très-remarquable; s'il eût été charnu, le son eût été étouffé; s'il eût été osseux, plusieurs accidens pouvaient le détruire; il

est donc formé d'un cartilage suffisamment flexible pour donner aux sons un
facile passage; en outre, pour rendre le
son plus fort, sa forme est spirale comme
la coquille d'un limaçon.

Lors même que nous dormons, l'o-
reille est toujours capable de recevoir les
sons qui annonceraient un danger prochain; en cela, elle diffère de l'œil, elle
est toujours ouverte et toujours sur ses
gardes.

Pour la préserver des insectes qui pourraient y pénétrer et lui nuire, et pour la garantir des injures de l'air, le Créateur l'a
enduite d'une espèce de glu formée d'un
nombre de petits vaisseaux disposés à cet
effet.

On a comparé l'œil à un télescope; on
peut, sous différens rapports, comparer
l'oreille à un tambour. Au bout du passage que l'on vient de décrire, et qui est
resserré derrière une ouverture circulaire
dans la tempe, se trouve une peau déli-

cate, sèche, ferme et transparente, contre laquelle frappent les bruits comme ceux que l'on produit en frappant sur un tambour. Dans la cavité de l'oreille il y a trois petits os liés l'un à l'autre ainsi qu'à cette peau et au nerf de l'ouïe, qui, en raison de leur structure, sont appelés le marteau, l'enclume et l'étrier, et servent à serrer ou à détendre le tambour de l'oreille, comme les crochets font à l'égard des tambours ordinaires.

Si les bruits sont trop forts pour les nerfs de l'ouïe, ces petits os, sans que nous nous en apercevions, remuent un muscle qui relâche la peau; quand, au contraire, ils sont trop sourds pour qu'on puisse bien distinctement les saisir, ils resserrent la même peau, de manière à rendre les sons plus clairs.

Il y a un autre point de ressemblance entre l'oreille et le tambour; sur un côté de celui-ci se trouve un trou qui laisse entrer et sortir l'air pour rendre le son

plus parfait; on remarque la même chose
dans l'intérieur de l'oreille qui communique avec la bouche par un étroit et
long canal, de sorte que l'air pénètre
aisément dans sa cavité.

L'ouïe seule nous rend sensibles aux
charmes de la conversation, que nous
ne connaîtrions pas sans elle; graces à
ce sens inappréciable, nous pouvons nous
communiquer mutuellement nos craintes, nos besoins, nos peines et nos plaisirs. Peut-on ne pas encore reconnaître
là l'ouvrage d'un Créateur tout-puissant, dont la bonté est aussi infinie que
la sagesse? L'œil seul nous prouve sa
bienfaisance; l'oreille seule nous la démontre également.

§ 3. *De l'estomac.*

L'estomac n'offre pas de preuves moins
évidentes de la sollicitude et des desseins
de la Providence.

Dans celui de l'homme, par exemple,

il y a une grande quantité de substances diverses qui, en peu d'instans, se réduisent à une seule ; cela s'opère au moyen d'un liquide qu'on appelle le suc gastrique ; il saisit et dissout tout ce qu'il rencontre : les viandes, les fruits, les racines, les tiges et les feuilles des plantes, toutes dures et coriaces qu'elles puissent être, cèdent à la force de ce suc : l'art n'offre rien de comparable à cette puissance.

Un marin avait coutume d'avaler un, deux ou trois canifs ; ils restèrent dans son estomac, et lui causèrent la mort. Son corps fut ouvert, et l'on trouva les canifs plus ou moins corrodés par le suc gastrique. Toutefois ce fluide, plus actif que l'eau bouillante et même que l'eau-forte, est aussi doux que notre salive, à laquelle il ressemble.

En considérant les différentes propriétés de l'estomac et du suc qui l'entretient, on conviendra que c'est la merveille chimique de la nature animale. Il contient environ vingt fluides divers extraits du sang humain, n'ayant entre eux aucune ressemblance dans le goût, l'odeur, la couleur et la consistance; les uns épais, les autres clairs, salés, amers ou doux. On les nomme sécrétions.

§ 4. *Sécrétions.*

Par sécrétions l'on entend le suc gastrique, la salive, la bile, une espèce d'huile qui assouplit les articulations, les larmes qui humectent les yeux, la glu qui protège l'intérieur de l'oreille, le lait d'une nourrice, la sueur qui nous soulage quand nous sommes trop échauffés, et d'autres matières du même genre, qui toutes proviennent du sang; de plus, le même sang se convertit en os, chair, nerfs, membranes et tendons, substances qui diffèrent autant l'une de l'autre que le bois, le fer et les cordages qui entrent dans la construction d'un navire.

Chez les autres animaux, les sécrétions offrent les propriétés les plus diverses et les plus opposées, l'aliment le plus substantiel et le plus mortel poison, les parfums les plus suaves et les odeurs les plus fétides. L'art n'a rien de comparable dans ses opérations. Les productions du sang sont alors tout-à-fait différentes, et cette différence est adaptée parfaitement au but que le Créateur s'est proposé dans chacun de ses ouvrages.

Pourquoi, par exemple, la salive répandue dans la bouche, qui est le siège du goût, n'en a-t-elle aucun, tandis que tant d'autres de nos sécrétions, comme les larmes et la sueur, sont salées ? C'est pour qu'elle ne se mêle pas au goût de nos alimens et de nos boissons.

Pourquoi la glande qui se trouve dans l'oreille produit-elle une substance semblable à la glu, et celle qui est dans l'angle supérieur de l'œil, une saumure limpide qui humecte la prunelle ? C'est parce que l'oreille a besoin d'être garantie contre l'introduction des matières qui pourraient lui nuire ; c'est parce que la prunelle doit être dans un perpétuel état d'humidité.

Pourquoi les articulations sont-elles ointes d'une espèce d'huile ? Pourquoi la bile est-elle amère et âcre ? Pourquoi le suc gastrique qui coule dans l'estomac a-t-il la force de dissoudre toutes les substances qui doivent entrer dans cet organe ? Voilà de belles questions auxquelles on ne peut rien répondre, sinon que ce sont là des moyens adaptés par le Créateur aux différentes fins qu'il s'est proposées.

Quand on considère les articulations, on ne peut penser sans être pénétré de reconnaissance aux grands services qu'elles nous rendent ; un membre remuera sur ses espèces de gonds ou roulera dans son orbite plusieurs centaines de fois en une heure, pendant soixante années consécutives, sans rien perdre de sa force.

Nous ne pouvons trop le redire ; des

mouvemens sans nombre doivent être bien réglés pour que nous soyons une heure à notre aise, il en faut bien plus encore pour nous rendre actifs et vigoureux. La force et la santé sont beaucoup plus communes que la faiblesse et la maladie ; quoique nos corps soient assujettis à d'innombrables principes de mouvement, et que le dérangement d'un seul puisse détraquer toute la machine.

Ceux qui possèdent l'usage parfait de leurs organes, sentent en général peu leur bonheur et les obligations qu'ils ont à la Providence ; ils goûtent les heureux résultats de cet état de choses, sans penser à la multiplicité des ressorts qui doivent le produire.

§ 5. *De la bouche et de ses parties.*

La variété, la vivacité et la précision des mouvemens musculaires sont particulièrement remarquables dans la langue de l'homme. On ne peut se faire une idée de son extrême agilité. Chaque mot, chaque syllabe exigent une action particulière de la langue ; une position unique peut produire un son correct et pur. L'anatomie de la langue explique ce que nous venons de dire : ses muscles sont si nombreux et tellement entrelacés que la dissection la plus délicate ne peut les faire apercevoir.

Considérons les parties de la bouche dans quelques-unes de leurs propriétés.

Neuf cent quatre-vingt-dix-neuf personnes sur mille sont capables non-seulement de parler, mais encore de savourer et d'avaler, au moyen de la langue et de la bouche. En effet, la chaleur et l'humidité constante de la langue, la délicatesse de sa peau, les pores qui garnissent sa surface, la rendent capable de savourer la nourriture, comme la multiplicité de ses fibres facilite la rapidité des mouvemens nécessaires à la parole.

La bouche contient encore d'autres

parties non moins utiles; les dents incisives et molaires, les muscles qui mettent en jeu le moulin des mâchoires, les sources de salive qui s'étendent en divers sens pour humecter la nourriture broyée, les glandes qui alimentent ces sources, l'action musculaire d'une partie de la cavité de la bouche pour conduire la nourriture dans l'œsophage.

Dans cette cavité de la bouche s'exécutent en même temps deux actions différentes, la respiration et la parole; ajoutons à cela que cette cavité offre le seul passage de l'air aux poumons. Nous avons dans la gorge et surtout dans la langue une infinité de muscles disposés de manière à ce que l'air produise cette multitude d'inflexions de voix nécessaires pour parler toutes les langues du monde. Est-il un instrument de musique comparable à la langue de l'homme? La bouche, qui possède tant de propriétés, est cependant d'une structure bien simple, ce n'est qu'une cavité, une machine dont les ressorts ne s'embarrassent jamais dans leur action.

Si nous ne pouvons manger et chanter tout à la fois, nous pouvons manger d'abord et chanter ensuite. Quant à la respiration, elle n'est jamais interrompue ; il y a toutefois un cas où la bouche seule ne pourrait pas remplir la double fonction de prendre des alimens et de respirer ; c'est lorsqu'un enfant doit téter et respirer tout à la fois. Mais la nature offre encore une ressource à cet égard ; l'air entre par le nez de l'enfant, quand ses lèvres sont attachées au sein de sa nourrice. Le nez aurait donc été indispensable pour cet usage, quand même il n'eût pas été l'organe de l'odorat.

Le nombre des muscles qui doivent se mouvoir simultanément pour que nous puissions respirer, est considérable : les physiologistes en comptent cent qui agissent chaque fois que nous respirons; nous ne pensons guère à cet immense appareil; une respiration facile est un bonheur de chaque instant, c'est peut-être celui que nous apprécions le moins; un asthmatique peut seul le bien connaître.

§ 6. *Des Muscles.*

Un physiologiste célèbre a observé que les plus importantes fonctions du corps ainsi que les plus délicates étaient exécutées par de très-petits muscles; il mentionne entre autres ceux qu'on a découverts dans l'œil et dans l'oreille. La petitesse de ces muscles est surprenante; il y en a qui sont tellement plus minces que des cheveux, qu'on ne peut les apercevoir qu'à l'aide d'un microscope; cependant leur existence est si réelle que c'est de leur force et de leur action que dépendent nos plus précieuses facultés, la vue et l'ouïe.

Peut-on voir quelque chose de plus surprenant qu'un trou dans un muscle pour y faciliter le passage d'un autre? On trouve cela dans les muscles qui font mouvoir les orteils et les doigts. Le long muscle ou tendon, qui, dans le pied, lie la première articulation de l'orteil, passe au travers du petit tendon qui lie la seconde jointure, ce qui permet au muscle d'agir avec plus de facilité et d'avantage. Il faut remarquer plus particulièrement les tendons qui passent de la jambe aux pieds et qui sont liés à la cheville.

Le pied est disposé de manière à former avec la jambe un angle considérable; il est donc évident que si les fibres flexibles qui traversent tout l'intérieur de l'angle, étaient abandonnées à elles-mêmes, elles s'en écarteraient quand elles seraient resserrées; c'est pour cela qu'il a fallu les unir en faisceau. Les anatomistes ont trouvé au-dessous de la cheville un fort ligament sous lequel les tendons passaient aux pieds. L'effet de ce ligament peut aisément se concevoir: s'il était coupé, les tendons s'écarteraient comme s'il n'existait pas.

§ 7. *De la circulation du sang.*

La disposition des vaisseaux sanguins ressemble à celle des aquéducs dans une ville ; les larges et principaux conduits se partagent en plus petits, qui à leur tour se subdivisent en plus menus dans toutes les directions, pour arriver à chaque endroit où le fluide est nécessaire. Les aquéducs d'une ville sont donc la parfaite image des vaisseaux qui conduisent le saug quand il sort du cœur ; mais le sang diffère de l'eau en ce qu'il retourne à sa source.

Il y a deux sortes de vaisseaux sanguins ; les artères qui envoient le sang quand il s'échappe du cœur ; et les veines qui l'y renvoient. Le sang sorti du cœur passe toujours de tubes plus larges dans des tubes plus étroits, et en retournant à sa source, c'est précisément le contraire. Les artères sont d'une contexture plus forte et plus solide que celle des veines, c'est pour cela que la rupture d'une artère est plus dangereuse que celle d'une veine. Les artères sont protégées par leur structure et par leur situation, quelquefois elles passent dans les rainures qui leur sont préparées au milieu du dos. Par exemple, le bas des côtes est garni comme s'il n'avait pas d'autre destination que de donner passage à ces vaisseaux; quelquefois elles passent dans des canaux protégés par de forts parapets d'os ou de muscles de chaque côté. Ce qui est surtout remarquable dans les os des doigts, elles sont creusées comme une écope, de manière qu'on peut couper le doigt jusqu'à l'os sans offenser l'artère qui le traverse. Sous d'autres rapports, les artères passent dans des canaux qui se trouvent dans la substance de l'os, comme cela a lieu pour la mâchoire inférieure.

On dit de ceux qui exposent leur vie en mer, qu'il n'y a qu'un pouce de distance entre eux et la mort ; mais dans notre corps même, et surtout dans le système des artères, notre existence ne tient qu'à un fil. C'est pour cela que les artères sont fort enfoncées sous la peau, tandis que les veines, qu'on peut offenser sans résultat aussi dangereux, sont au-dessus des artères et beaucoup plus exposées.

§ 8. *Du cœur, de la digestion et des intestins.*

Le cœur est la pompe qui fait mouvoir les vaisseaux sanguins. Il se trouve au centre du corps. C'est un muscle creux placé dans de fortes fibres, les côtés du cœur sont nécessairement resserrés de manière à forcer d'en sortir le sang qu'il contient, et quand ses fibres se relâchent, la cavité du cœur est à son tour dilatée de manière à ce qu'il puisse recevoir le sang que les veines lui renvoient.

Cette action produit, à chaque battement de cœur, un mouvement et un chan-

gement dans la masse du sang, proportionné à la quantité de celui que le cœur
contient, qui peut peser une once et remplir deux cuillers de table. Les battemens du cœur et ceux du pouls agissent
dans la même proportion, comme prove-
nant de la même cause, de l'introduction
du sang dans les artères. Le cœur se con-
tracte ou se resserre environ quatre mille
fois en une heure; il résulte de là qu'il
passe dans le cœur quatre mille onces de
sang en une heure. On dit que la masse
du sang est d'environ vingt-cinq livres ou
trois cents onces; de sorte qu'une quantité
égale à toute la masse du sang passe dans
le cœur quatorze fois en une heure, ce qui
est environ une fois en quatre minutes.

La grande artère d'une baleine excède
dans son calibre le tube principal des ouvrages hydrauliques au pont de Londres;
l'eau qui passe dans ce tube se précipite
avec moins de force et de vélocité que le
sang renvoyé par le cœur de la baleine.

4

Il est en outre indispensable que le sang soit perpétuellement en contact avec l'air; de sorte que cet élément doit y être introduit d'une manière ou d'une autre. Les poumons des animaux sont construits dans ce dessein : ils se composent de vaisseaux sanguins et de vaisseaux d'air qui se touchent. La surface de ces vaisseaux dans les poumons est telle que, si on la développait, elle serait dans un homme égale à la surface de quinze pieds carrés.

Aussitôt que le sang est arrivé au cœur par les veines, et avant qu'il ne soit renvoyé dans les artères, la contraction du cœur le transporte aux poumons, et le fait entrer dans leurs vaisseaux d'air où, après s'en être suffisamment imprégné, il est reconduit au cœur par une large veine, et en sort pour être distribué de nouveau dans les artères.

On pourrait croire qu'à raison de la complication du mécanisme du cœur et de la délicatesse de plusieurs de ses parties, il serait sujet à se déranger fréquemment, ou à s'user par la rapidité de son action. Point du tout; cette étonnante machine va nuit et jour, souvent pendant plus de quatre-vingts années; elle bat cent mille fois toutes les vingt-quatre heures, éprouvant à chaque battement une résistance à vaincre; et cependant son action n'éprouve ni altération, ni affaiblissement.

Combien ne devons-nous pas nous féliciter de ce que nos mouvemens vitaux ne dépendent pas de notre volonté! Nous aurions trop à faire si nous devions régler les battemens de nos cœurs et diriger les opérations de nos estomacs. Ce double soin ne nous permettrait pas de nous occuper d'autre chose; nous serions continuellement sur le qui-vive et dans des craintes mortelles; il ne nous serait pas même possible de dormir.

Le cœur, organe aussi précieux, n'est pas resté sans moyens de protection; il est garni d'une espèce de bourse ou de sac composé de substances solides qui le contient dans sa cavité; il l'environne et le garantit sans gêner son action. Ce sac possède toute l'eau nécessaire pour conserver la surface du cœur dans un état de souplesse et d'humidité.

Le sang fournit sans cesse ce qui est nécessaire à la salive, à la transpiration, aux larmes, à la glu de l'oreille et aux autres sécrétions; à son tour, il est constamment renouvelé par les alimens. Rien d'admirable comme la manière dont cette opération s'effectue !

Les dents sont merveilleusement placées pour remplir leurs fonctions. Les unes sont aiguës pour briser les alimens; les autres sont larges et plates pour les broyer. La nourriture descend par un large passage dans l'estomac, après avoir été broyée et humectée dans la bouche. Les dents de chaque animal sont adaptées à la nourriture qui lui convient. Les dents incisives seraient inutiles aux animaux qui ne se nourrissent que de substances végétales; aussi n'en ont-ils pas. Les animaux carnivores en ont, parce qu'ils en ont besoin pour déchirer leur proie. L'homme, qui se repaît de substances animales et végétales, possède ces deux sortes de dents.

La nourriture entrée dans l'estomac reçoit une préparation ultérieure qu'on appelle digestion. L'estomac est organisé de manière à conserver la nourriture pendant tout le temps nécessaire à l'action du suc gastrique, qui est un liquide disposé pour effectuer la digestion.

L'estomac ressemble à la poche d'une cornemuse; et, ce qui est singulier, c'est que le passage par lequel la nourriture le quitte est plus élevé que celui par lequel elle y entre, de sorte que c'est par la contraction de la poche musculaire de l'estomac que les substances qu'il contient, après avoir subi l'action du suc gastrique, sont poussées dans les intestins.

Le suc gastrique a tant de force que, d'après une expérience qui en a été faite, un quart d'once de bœuf eut à peine touché l'estomac d'une corneille qu'il commença à se dissoudre.

La digestion n'a rien de commun avec la putréfaction; car le fluide digestif est ce qui résiste le plus à la putréfaction.

Ce n'est pas non plus une fermentation; car la dissolution de la nourriture commence à la surface de l'estomac et s'avance au centre, ce qui est contraire à la manière dont la fermentation agit et s'étend.

La digestion n'est pas produite non plus par l'action de la chaleur; car la froide mâchoire d'une morue dissout les écailles des écrevisses ou des homards bien plus promptement que l'estomac de cette même morue.

Le suc gastrique d'un épervier ou d'un milan n'altère pas les graines; il ne peut même terminer la digestion des graines à

moitié digérées qui se trouvent dans le
gosier des moineaux. La raison en est que
les graines ne sont pas la nourriture destinée aux oiseaux de proie ; mais elles se
dissolvent aisément par le suc gastrique
des volailles de basse-cour, parce que c'est
la nourriture qui leur est propre. C'est
aussi pour cette raison que les sucs gas-
triques de la brebis et du bœuf dissolvent
promptement les végétaux, mais ne font
aucune impression sur la chair, tandis que
les animaux qui s'en nourrissent en opè-
rent promptement la dissolution.

Un médecin a découvert une singulière
propriété de ce fluide ; c'est que dans les
estomacs des animaux carnassiers, quoiqu'il agisse d'une manière irrésistible sur
les substances animales quand elles sont
mortes, il n'opère nullement sur celles qui
sont vivantes. La chair de tout ce qui a
vie ne peut être endommagée par le suc
gastrique. On trouve des vers et des insectes vivans dans l'estomac de plusieurs

animaux, et les parois de l'estomac de l'homme, dans le meilleur état de santé, ne souffrent aucune atteinte du suc gastrique qu'il contient.

La nourriture ainsi convertie en poulpe par le suc gastrique renfermé dans l'estomac, passe dans les intestins ; et quoique composée de diverses sortes de viandes, de fruits et d'autres végétaux, elle est réduite à une substance uniforme appropriée pour produire le chyle, qui est une sécrétion ressemblant beaucoup au lait.

Les intestins ou les boyaux forment un canal qui n'a pas moins de trente-six pieds de longueur ; mais ils sont arrangés de manière à ne contenir que peu d'espace : leur garniture intérieure est remplie par des millions de petits tuyaux plus fins que des cheveux.

Ces tuyaux ou tubes, qui sont d'une délicatesse qui permet à peine de les apercevoir, partent des divers endroits des intestins, et se réunissent à leur extrémité dans un sac assez étendu, où le chyle se ramasse.

De ce vaisseau part un tuyau principal s'élevant à la partie postérieure de la poitrine, et ensuite s'allongeant vers le gosier, jusqu'à ce qu'il gagne le cou; de là il se décharge dans une large veine qui envoie au cœur le chyle mêlé avec le sang. L'œil peut suivre la route du chyle; ici rien n'est abandonné à l'imagination et aux conjectures. Dans l'homme la longueur des intestins est six fois la mesure de sa taille.

Les longs boyaux, qui semblent n'offrir qu'un passage, sont destinés à fournir le temps et l'espace nécessaire pour séparer le chyle de la nourriture digérée : la longueur du canal est très-propre à cette destination. Il était nécessaire que les tubes qui emportent le chyle fussent assez étroits pour empêcher qu'aucune substance hétérogène ne s'introduisît dans le sang, substance assez considérable pour se pla-

5

cer ensuite dans les petites artères, et en conséquence obstruer la circulation. Il était en même temps nécessaire que cette extrême petitesse des tubes fût compensée par leur nombre, pour offrir un passage à une grande quantité de chyle équivalent à deux ou trois pintes par jour : c'est pourquoi les tubes par où passe le chyle sont innombrables. Il entre dans le sang par un singulier endroit, mais peut-être le plus commode, c'est par une large veine du cou, tellement située par rapport à la circulation, qu'elle porte promptement au cœur le chyle et le sang mêlés ensemble.

Qui pourrait supposer qu'il existe une communication entre l'intérieur du gosier et la grande veine du cou, que cette communication fût le seul moyen par lequel le corps serait alimenté, et que cet endroit fût le point de l'importante réunion du sang et du chyle?

Toutes les fois qu'un homme porte la

main à sa tête, il a sujet d'admirer la
puissance et la sagesse du Très-Haut; car
toute simple et familière que soit cette
action, combien de ressorts ne faut-il pas
mettre en jeu pour l'accomplir! L'homme
doit posséder d'abord un long et fort tube
d'os pour donner de la vigueur au bras;
mais comme il est dur et raide, il ne
pourrait que tourner sur ses articulations.
Il faut en second lieu des jointures, l'une
à l'épaule pour lever le bras, l'autre au
coude pour le ployer; ces jointures sont
sans cesse humectées d'une huile douce
qui fait que les parties du bras glissent
l'une sur l'autre, et s'unissent par de
fortes agrafes pour se maintenir dans leur
position. Viennent ensuite les fibres et les
muscles pour tirer les os dans les directions où les jointures leur permettent de
se mouvoir.

Ce qui est plus indispensable encore,
c'est la communication avec le cerveau
par le moyen des nerfs. L'existence de

cette communication nous est connue, puisque nous en apercevons les fils.

Si nous examinons le corps d'un animal quelconque, nous voyons une foule de ressorts qui s'agitent pour le mouvoir, et la sphère étroite dans laquelle ils sont réunis. Dans le chardonneret, par exemple, et dans chaque particule de matière qui le compose, nous distinguons des instrumens adaptés à des opérations différentes, soit qu'il mange, qu'il digère, qu'il respire ou qu'il coure, qu'il vole, qu'il voie, qu'il entende ou qu'il chante.

Peut-on rien voir de plus admirable que la correspondance parfaite des deux côtés de chaque animal? La main droite répond à la main gauche; il en est de même des jambes et des yeux. Cette scrupuleuse conformité a souvent dérouté l'artiste qui en a tenté l'imitation. La ressemblance des yeux est bien étonnante, si l'on envisage la variété et la délicatesse des nuances colorées qui s'y peignent, la

diversité de leur situation dans leurs orbites, et leurs différentes positions dans
chaque tête. De mille yeux, il serait peut-
être impossible d'en trouver un semblable, excepté celui qui est le pendant de
l'autre.

La composition du corps n'est pas moins
surprenante. Examinez les parties de celui
d'un grand animal; quelle délicatesse et
quelle complication elles présentent! Toujours en action, combien de causes peuvent attaquer leur substance, détraquer
leur ensemble et obstruer leurs fonctions!

Au centre, le cœur bat quatre mille
fois en une heure; les artères transpor-
tent le sang qui s'échappe de cet organe,
et les veines l'y renvoient. Les poumons
remplissent leurs fonctions délicates, et
contractent leurs milliers de vaisseaux,
dont l'action ne pourrait cesser une minute sans causer la mort. L'estomac exerce
ses puissantes facultés; les intestins pous-
sent les alimens digérés, quand les petits

vaisseaux, s'ouvrant sur leur surface intérieure, les recueillent dans leur passage,
et envoient sans cesse au sang une substance préparée qu'on appelle le chyle.
Le sang ne ralentit jamais sa course,
tandis que le foie et plusieurs autres organes en tirent les sécrétions qui leur sont
propres. Toutes ces diverses opérations,
et une infinité d'autres plus subtiles qui
échappent à notre examen, s'exécutent
en nous en un seul et même temps. Le
corps lui-même sur lequel roule tout ce
mécanisme, est agité et cahoté dans tous
les sens, et toutefois ce mécanisme n'é-
prouve pas la moindre altération, même
dans ses mouvemens les plus délicats,
tant chaque partie du corps est bien garantie, tant la liaison entre toutes est
parfaite et compacte !

CHAPITRE II.

DES PRINCIPES CONSTITUTIFS DE LA BEAUTÉ ANIMALE.

LA beauté du corps d'un animal consiste dans ses propriétés apparentes, en tant qu'elles sont adaptées au goût de ceux avec lesquels il doit vivre.

Si, par exemple, nous considérons la beauté de notre corps, nous verrons qu'elle consiste dans la parfaite symétrie de ses proportions. Les os sont couverts, les intestins cachés, la rudesse des muscles adoucie; le corps est revêtu de chair et d'une belle peau qui offre un aspect agréable, tandis que dans un amphithéâtre d'anatomie tout cela ne présente qu'un spectacle dégoûtant. Sans parler ici des plantes, chez les animaux, la peau est la partie la plus belle et la plus pure de leur corps.

Si nous jetions un coup d'œil sur le mécanisme de notre corps, nous frémirions à ce spectacle; car oserions-nous faire un seul mouvement, un seul pas, si nous apercevions la circulation de notre sang, l'action des tendons, le souffle des poumons, la filtration des humeurs, et l'incompréhensible assemblage des fibres, tubes, pompes, valvules, courans, pivots qui soutiennent notre vie ?

Il existe entre les grands animaux terrestres une ressemblance générale; leurs alimens sont à peu près les mêmes. Le cœur, les poumons, le foie et les autres parties intérieures n'offrent pas de différence; le même fluide circule dans leurs vaisseaux et presque dans un ordre uniforme. Leur sang est absolument le même.

La couverture des divers animaux est la première chose qui se présente à nos observations; en effet, par sa variété, sa convenance à leurs diverses natures, elle doit être admirée comme toutes les autres parties de leur organisation. Nous avons des soies de pourceau, de la laine, des fourrures, des plumes et autres objets semblables. Et dans cette diversité de substances et de formes, nous ne pourrions, sans déranger l'ordre et sans inconvénient, changer la couverture d'un animal pour une autre.

L'homme est le seul animal qui naisse dans un état de nudité; mais c'est aussi le seul qui puisse se vêtir; voilà pourquoi tous les climats et toutes les saisons lui sont propres; il peut régler ses habillemens d'après la chaleur ou le froid du lieu qu'il habite; si l'homme était né avec une toison sur le dos, il eût pu vivre à l'aise dans les pays froids; mais cette garniture lui eût été insupportable, s'il eût vécu sous la zône torride : ici la sollicitude de la Providence est encore bien remarquable. Les animaux qui n'ont aucune prévoyance sont pourvus par la nature du vêtement qui leur est nécessaire. Dans les pays froids, aux approches de l'hiver, la fourrure des quadrupèdes s'épaissit, dans les pays chauds la laine qui serait insupportable aux animaux, dégénère en un poil léger, tandis qu'au contraire le poil se change en laine chez les chiens des régions polaires.

Nous ajouterons à cela que les ours, les loups, les renards et les lièvres, qui ne vivent pas dans l'eau, ont la fourrure beaucoup plus épaisse sur le dos que sous le ventre, tandis que le castor et les autres animaux amphibies ont cette fourrure beaucoup plus épaisse sous le ventre que sur toute autre partie du corps. Cela prouve bien les soins de la Providence à l'égard des animaux qui restent long-temps dans l'eau : ils ont le ventre exposé à l'action du froid, et ont besoin par conséquent d'une fourrure plus épaisse pour garantir cette partie, au lieu que, par une raison contraire, les animaux terrestres ont besoin d'avoir le dos mieux garni que le dessous du ventre.

ORNITHOLOGIE.

Le plumage de l'oiseau ne peut échapper à l'attention du plus insouciant observateur; son poli, sa délicatesse, sa chaleur, la disposition des plumes, le duvet qui garnit leurs tiges, leurs formes diverses, sans parler de la variété de leurs couleurs, forment un vêtement si beau et si bien approprié à l'animal qui le porte, que l'imagination ne peut rien concevoir de plus parfait.

En comparant les divers animaux, rien de plus admirable que la structure de leur bouche. Chez nous elle est plate, parce que nos mains y portent la nourriture; mais le chien a des mâchoires et des dents aiguës de manière à saisir facilement sa proie. Les grosses lèvres, la langue âpre et les larges dents incisives du bœuf, du daim, du cheval et de la brebis, les mettent à même de brouter l'herbe, d'en avaler à la fois de grosses touffes où elle est abondante. La mâchoire inférieure d'un porc fouit la terre comme une charrue, et parvient ainsi aux racines dont il doit se nourrir.

Chez les oiseaux, la bouche présente une nouvelle substance et une nouvelle forme parfaitement adaptées à leurs besoins et à leur manière de se nourrir. Ils n'ont point de dents; mais, pour en remplir les fonctions, ils ont un bec composé d'une substance solide, et construit de manière à remplir l'objet pour lequel il a été formé. Le tranchant aigu et la pointe du bec du moineau tirent toute sorte de graines des enveloppes d'une plante; ils écossent encore cette même graine, et brisent leur enveloppe pour arriver à cette graine.

Le bec crochu de la famille des oiseaux de proie sépare la chair des os des animaux dont ils se nourrissent, avec la précision et la netteté du bistouri du plus habile anatomiste.

Le bec d'une oie, taillé en forme de cuiller, la met à même de brouter et de tirer sa nourriture du fond des étangs, et de la chercher au milieu des substances douces ou liquides.

Le long bec de la bécassine et de la bécasse pénètre plus avant encore dans la terre humide où ces oiseaux doivent trouver leur nourriture. La forme de leur bec est donc parfaitement adaptée à leurs besoins : leur bec ne devait pas être très-fort, parce qu'il n'eût pas été en harmonie avec la délicatesse de leur cou; mais il fallait qu'il fût très-long pour atteindre le but dont nous venons de parler.

Ce qui est surtout extraordinaire, c'est la complète métamorphose de la bouche de certains animaux. La chenille ne se nourrit que de végétaux, c'est pour cela qu'elle a des dents qui lui permettent de dévorer les feuilles des arbres; lorsqu'elle se change en papillon, elle cherche sa nourriture dans le calice des fleurs : des dents lui seraient alors inutiles , aussi sont-elles remplacées par une large trompe qui met le papillon à même de pomper le suc des fleurs.

Quand l'insecte ne peut que ramper, il trouve dans sa position les moyens de pourvoir à sa subsistance ; mais lorsqu'il a des ailes, sa destination change. Malgré les métamorphoses que subissent ces animaux, les organes du goût et de l'odorat restent toujours chez eux près l'un de l'autre.

Un autre objet de comparaison entre les animaux, consiste dans les principes de leurs mouvemens, les pieds, les ailes et les nageoires, qui sont tous adaptés à leur cause finale. Les élémens dans lesquels ces mouvemens doivent s'exécuter ne sont pas les mêmes ; aussi ceux de chaque animal doivent être combinés d'après cette différence. Tous s'exécutent avec une égale facilité, sans que l'on aperçoive de la différence entre les ailes d'un volatile et les membres correspondans des quadrupèdes.

Dépouillez une aile de ses plumes, vous y trouverez beaucoup de ressemblance avec les jambes de devant d'un quadrupède : les jointures de l'épaule et du coude sont les mêmes. Elles se ressemblent plus particulièrement encore en ce que l'extrémité supérieure d'un membre consiste en un seul os, tandis que deux terminent la partie inférieure.

Le point d'appui qui dirige un oiseau dans son vol dépend en partie des ailes, mais plus particulièrement de la queue. Il y a ici une singularité bien remarquable, c'est que les oiseaux à longues pattes ont les queues courtes; ce sont principalement les oiseaux aquatiques : les longues queues ne feraient que les embarrasser. Ces oiseaux, dans leur vol, serrent leurs jambes autant que possible; dans cette position elles s'étendent derrière le croupion, et deviennent le gouvernail qui forme le point d'appui qu'ils ne pourraient pas trouver dans leur queue.

Examinez la première grue ou le premier héron qui se présentera à vos yeux, vous verrez que ce que nous venons de dire est certain. Observez maintenant la patte large et unie des oiseaux aquatiques, vous verrez que la contexture de cette patte n'est nécessaire qu'à ces oiseaux, et qu'elle serait inutile à ceux qui doivent chercher leur nourriture dans un autre élément.

Les oreilles des bêtes féroces, des lions, des tigres, des loups, ont en avant une sorte de trompe qui leur permet de saisir les sons, et de poursuivre les animaux qui doivent leur servir de nourriture. Au contraire, comme nous l'avons déjà dit, les oreilles des animaux timides, comme le lièvre et le daim, sont en arrière, pour qu'ils puissent dépister les bêtes féroces qui les poursuivent.

Les griffes de certains oiseaux sont singulièrement construites ; celle du milieu d'un héron et d'un cormoran a des dents, et ressemble à une scie. Ces oiseaux sont pêcheurs, et ces espèces de dents les aident à saisir leur proie.

L'oie a le côté du bec irrégulièrement dentelé, pour pouvoir attraper plus facilement les substances dont elle doit se nourrir. Ses pattes ne lui offrent pas le même avantage, puisqu'elle ne doit s'en servir que pour nager.

ZOOLOGIE.

La sagesse du Créateur se manifeste encore dans la formation des dents de l'homme. En naissant, nos lèvres, notre langue, nos joues, nos mâchoires, notre palais ont acquis leur perfection ; il n'en est pas de même de nos dents, qui alors nous seraient inutiles et même nuisibles.

A l'égard des autres animaux, c'est le contraire ; dans un escarbot qui vient de naître, les dents sont les premiers organes parvenus à leur perfection, parce que cet insecte est obligé de ronger aussitôt qu'il s'échappe de sa coque, quoique les autres parties de son corps n'aient qu'une croissance successive.

Ce que nous venons d'observer à l'égard des dents, s'applique aux cornes des animaux ; celles d'un veau et d'un mouton ne paraissent que lorsqu'ils sont en état de brouter.

Le lait de la femelle des animaux dénote encore la sollicitude de la Providence : leurs petits, à peine nés, ont tout ce qu'il leur faut pour sucer la mamelle de leur mère. La production du lait est une chose merveilleuse : le nombre des mamelles est proportionné dans chaque espèce à celui des petits qu'elles doivent alimenter.

Dans la truie, la chienne, la lapine, la chatte, le rat femelle, qui ont des portées nombreuses, les mamelles sont aussi en grand nombre, et sont placées le long du ventre ; mais la vache et la jument ont peu de mamelles, parce qu'elles ne produisent qu'un seul veau ou un seul poulain.

Une autre merveille de la nature se remarque dans les poumons.

En considérant l'état dans lequel un animal existe avant sa naissance, renfermé dans le sein de sa mère, sans air, qu'il n'a pas besoin de respirer, nous ne nous aviserions jamais d'aller chercher des poumons dans cet animal.

Voici maintenant d'autres particularités qui achèvent la démonstration des soins et de la sagesse de la Providence. Au bout de l'aile d'une chauve-souris se trouve une griffe recourbée comme un crochet, au moyen de laquelle elle se crampone au coin des rochers, des cavernes et des bâtimens crevassés, et qui offrent des fentes et des saillies ; elle s'y attache par cette griffe, y reste suspendue, et prend son vol dans cette position. Cette faculté la dédommage de l'extrême faiblesse de ses pattes ; sans cette griffe, la chauve-souris serait le plus malheureux de tous les animaux, ne pouvant ni courir sur ses pattes, ni s'élever en l'air en partant de la terre; mais tout cela est compensé par le crochet placé à l'extrémité de son aile.

La grue, destinée à vivre et à chercher sa nourriture dans les eaux, ne peut nager, parce qu'elle n'a point de pattes aplaties et unies à l'extrémité par une peau, comme celle de l'oie et du canard ; pour réparer ce désavantage, la Providence l'a pourvue de longues jambes pour passer à gué, et d'un long bec pour atteindre sa proie.

L'araignée se nourrit de mouches, mais elle n'a point d'ailes pour les poursuivre ; cependant elles lui eussent été bien nécessaires, car elle ne pouvait se servir utilement de ses pattes pour courir après les mouches. Il a donc été pourvu aux besoins de l'araignée par une ressource unique et merveilleuse, la faculté de filer une toile ; elle l'étend comme un filet dans les endroits les plus propres à enlacer l'insecte dont elle doit se nourrir.

Telles sont la sagesse et l'inépuisable bonté du Créateur, que, partout où il se trouve un besoin à satisfaire, les moyens se trouvent à côté.

Le limaçon, qui n'a ni ailes, ni pattes, ni la faculté de filer comme l'araignée, se guinde le long des tiges des plantes à l'aide d'une humeur visqueuse qui sort de sa peau, et qui s'attache aux troncs, aux feuilles et aux fruits, au moyen d'une sorte de plâtre.

L'ICHTYOLOGIE.

La moule, qui, par sa structure, paraîtrait devoir être l'objet de toutes les vagues qui passent sur elle, a le singulier pouvoir de former des filets très-forts par lesquels elle cramponne son écaille aux rochers et aux gros bois.

La pétoncle, au contraire, à l'aide de sa langue âpre et raide, se creuse un abri dans le sable.

L'écrevisse de mer offre dans sa constitution de si grands désavantages, qu'on ne pourrait jamais deviner comment la nature les a réparés.

Dans beaucoup d'animaux, l'augmentation de la peau suit leur croissance; si au lieu de peau il se trouve une écaille, celle-ci peut, dans plusieurs cas, s'étendre progressivement; alors à mesure que l'animal grossit, la tortue, par exemple, l'addition de substance s'opère aux jointures de larges écailles; celles de l'huître s'élargissent par une addition à leurs extrémités. Il en est de même de la pétoncle, l'accroissement se forme à la bouche : la simplicité de sa forme rend cette opération facile.

Mais comme l'écaille de l'écrevisse de

mer croît autour de chaque partie du corps, son accroissement ne peut avoir lieu de la même manière que dans les poissons dont nous venons de parler; sa raideur l'empêche de se resserrer, et sa complexité la rend incapable d'augmenter ses dimensions par une addition de substance à ses extrémités. Mais voici les moyens fournis par le Créateur pour compenser ces désavantages.

Dans certaines saisons, l'écaille de l'écrevisse de mer s'amollit, le corps de l'animal se gonfle, les sutures s'ouvrent, et les armes s'enflent aux articulations; l'écaille une fois amollie sur toute la surface du corps, l'animal fait un second effort, parvient à la briser entièrement et à s'en débarrasser. Dans cet état, le poisson, libre, mais sans défense, se retire dans les trous d'un rocher, où son corps, dépouillé de sa gênante enveloppe, augmente tout à coup son volume en vingt-quatre heures ou quarante-huit au plus;

il se forme une nouvelle écaille adaptée dans toutes ses parties à l'augmentation du volume du corps de l'animal : ce changement merveilleux se reproduit chaque année.

ZOOLOGIE GÉNÉRALE.

Dans la nombreuse famille des animaux terrestres, il s'en trouve qui sont entièrement dépourvus de pieds, quoiqu'ils doivent se mouvoir comme les autres; par exemple, les serpens, les vers, et tous les reptiles en général; mais la disposition de leurs muscles et de leurs fibres facilite leurs mouvemens. Au moyen de l'action simultanée des anneaux et des fibres, le corps des reptiles peut se rétrécir et s'allonger, avancer et reculer. Le résultat de cette action est un mouvement rapide de tout le corps dans chaque direction que la volonté de l'animal détermine.

La plus chétive créature offre un assemblage de merveilles; observez le jeu

des anneaux dans un ver de terre, lorsqu'il rampe, les mouvemens ondoyans de
son corps, les barbes ou les piquans dont
il est armé, et que l'animal peut faire
entrer dans son corps ou en faire sortir
pour maîtriser la surface inégale sur laquelle il rampe.

La configuration du corps des animaux
n'est-elle point encore parfaitement adaptée aux élémens qui les environnent, et
dans lesquels ils se meuvent? Les ailes
des oiseaux ne sont-elles pas en harmonie
avec l'air qu'elles doivent fendre, et les
nageoires des poissons avec l'eau dans laquelle ils doivent vivre?

Tout dans l'univers dénote une proportion merveilleuse d'une chose à une autre.
Par exemple, un géant n'aurait pas pu
traire les chèvres, moissonner le grain,
faucher l'herbe, monter un cheval, ar-
ranger une vigne, tondre une brebis; un
pygmée se serait perdu dans les herbes,
ou eût été emporté par les oiseaux de

proie. Ne voyons-nous pas aussi que les facultés des habitans de la terre sont en harmonie avec la propriété du sol; voyez les substances abondantes que la terre fournit à leurs besoins: ils n'ont le plus souvent qu'à gratter sa surface pour y trouver ce qui leur est nécessaire.

Si de la terre nous passons à la mer, nous verrons un grand changement, mais aussi nous y remarquerons que les besoins et les facultés des animaux qui habitent cet élément sont parfaitement analogues à sa nature.

N'est-ce point par une sage prévision du Créateur que les animaux chérissent leurs petits, que ceux-ci vont téter le sein de leur mère; que les oiseaux construisent leurs nids et couvent leurs œufs avec tant de patience; que les insectes qui ne peuvent couver les œufs les placent de manière à ce que leurs petits trouvent une nourriture convenable à l'instant où ils sont éclos; que le saumon et quelques autres poissons quittent la mer et remontent les rivières pour déposer leur frai dans l'eau douce?

On ne peut douter qu'une couple de moineaux couvée dans une étuve et gardée sans avoir de communication avec le reste de leur espèce, n'agît précisément comme les autres quant à la production et à la conservation de sa couvée. Cela ne peut provenir que de l'instinct dont le Créateur a doué l'animal.

Car autrement, qui aurait pu d'abord déterminer la femelle à préparer un nid avant d'avoir pondu ses œufs? On ne peut supposer qu'elle raisonne; et le raisonnement même ne la conduirait point à ce résultat. Les œufs sont pondus, mais les oiseaux peuvent-ils savoir que leurs œufs contiennent des poussins? Il n'y a rien dans la forme ou dans la substance de l'œuf qui permette à l'imagination la plus hardie de conjecturer qu'un oiseau parfait et vivant peut sortir de sa coquille. La forme de l'œuf n'a rien qui ressemble à celle de l'oiseau, et même, si nous le cassons, nous aurons encore moins de raisons de soupçonner l'objet pour lequel il a été produit : si nous allions jusqu'à deviner qu'il est destiné à servir d'asile et de nourriture à un animal, nous en attendrions plutôt un petit crapaud barbotant dans une matière glaireuse, qu'une créature bien sèche, ailée et emplumée.

Le blanc d'un œuf pourrait-il faire supposer le plumage d'un chardonneret? et sa simple substance donnerait-elle l'idée de la plus compliquée de toutes les machines, d'un oiseau ?

Mais admettons que le moineau femelle aurait su que son œuf recélait les élémens d'un oiseau à naître : où aurait-il appris le degré de chaleur nécessaire à sa maturité, ou que le degré de chaleur émanant de son corps était précisément le degré convenable ?

Les jeunes oiseaux dérobés dans leurs

nids, et depuis leur naissance séparés de leur espèce, produisent dans leurs cages, construisent leurs nids et couvent leurs œufs de la même manière que ceux qui sont en pleine liberté et qui ont toujours vécu dans l'état de nature.

Les procédés des papillons sont plus étonnans encore : ils déposent leurs œufs dans un chou dont ils ne se nourrissent pas eux-mêmes, mais bien les chenilles qui doivent éclore de leurs œufs ; il y a plusieurs espèces de chenilles : la chenille de saule, celle de choux, etc. ; mais on ne verra jamais sur un chou celle qui se nourrit des feuilles du saule : le choix du papillon ne provient pas de ses lumières ; dans son état de chenille, il n'a jamais connu sa mère ; une chenille à demi éclose sort d'un œuf avant de se métamorphoser en papillon : l'œuf a été déposé par un papillon qui l'a abandonné de suite, et qui est mort avant que l'œuf ne fût éclos.

Si le papillon raisonne, il faut qu'il

pousse bien loin cette faculté : il doit d'abord se souvenir de son état de chenille, et prévoir alors que le petit œuf qu'il laisse échapper produira plus tard une créature vivante qui n'a aucune ressemblance avec lui, mais bien avec la chenille qu'il se rappellerait avoir été lui-même.

Chez les oiseaux, est-ce l'œuf que la poule chérit, ou est-ce l'attente de sa future progéniture qui la porte à rester constamment sur ses œufs? quel motif aurait-elle de croire que cette progéniture lui procurera mille délices? on ne peut rien répondre à cela, sinon que l'Éternel l'a voulu ainsi.

Il ne paraît pas que les coucous puissent jamais connaître leurs petits; ils ne laissent pas toutefois de leur fournir des alimens, comme font tous les autres oiseaux.

Le saumon franchit tous les obstacles qui l'empêchent de remonter les rivières d'eau douce : les cascades, les courans, rien ne peut l'arrêter; que fait-il alors? il dépose son frai qu'il abandonne immédiatement, retourne à la mer, et ne peut désormais reconnaître sous une forme quelconque ce qu'il a produit.

L'écrevisse violette de la Jamaïque fait un pénible voyage de plusieurs mois à partir des montagnes pour arriver aux rivages de la mer; quand elle est arrivée à son but, elle dépose son frai dans la mer, et retourne ensuite à l'endroit d'où elle était partie.

Comment pouvoir nous rendre compte de l'extrême affection de la poule pour ses poussins, affection qui disparaît aussitôt qu'ils peuvent subvenir à leur subsistance? Les oiseaux et les autres bêtes, au bout d'un certain temps, abandonnent leurs enfans, comme s'ils ne les eussent jamais connus, quoiqu'ils eussent été d'abord les objets de leur plus tendre affection. Ils continuent souvent à vivre ensemble sans qu'ils paraissent les distin-guer des autres oiseaux de leur espèce.

Cependant quelle tendresse n'ont-ils pas pour leurs petits, quelles caresses ne leur prodiguent-ils point! Ils leur mettent la nourriture dans le bec, les tiennent chaudement, leur apprennent la manière de se procurer la subsistance; en un mot, ils remplissent envers eux tous les devoirs d'une bonne mère : cependant tous ces soins coûtent beaucoup à l'animal qui les prodigue; un oiseau formé pour être libre, oublie tous ses goûts, toutes ses habitudes, s'asservit à rester sur son nid quand tout l'engage à le quitter; il est impossible, en voyant un oiseau dans cette situation, de ne pas reconnaître la main invisible qui le tient prisonnier pour un but qui est dans les desseins de la Providence. Il y a plus, on a vu des femelles rester constamment sur leurs œufs, quoiqu'elles n'eussent plus que la peau et les os.

La structure et l'usage des membres d'un insecte sont moins facilement conçus que ceux des membres des quadrupèdes et des oiseaux, non pas seulement en raison de leur petitesse, mais encore de leur genre de vie qui n'a rien de commun avec celui des animaux d'une plus grande dimension.

Observez les ailes d'un escarbot : elles consistent en une peau fine et transparente plus délicate que la gaze la plus déliée ; pour protéger cette aile délicate, elle est recouverte d'un étui de corne qui se replie quand l'animal est en repos ; lorsqu'il veut prendre son vol, il ouvre cet étui et s'élève dans l'air en déployant les membranes dont ses ailes se composent.

On ne peut voir sans admiration qu'un tissu de cordages composé de muscles très-déliés doit passer dans cette surface délicate, pour rendre l'animal capable de la resserrer quand il veut cacher ses ailes, ou de l'étendre quand il veut

prendre son essor ; la plupart des escarbots habitent des trous creusés dans la
terre où ils doivent souvent pénétrer par
un étroit passage qui pourrait offenser
leurs ailes si tendres et si délicates, si
elles n'étaient protégées par une couverture assez forte pour les garantir.

Une autre preuve des soins de la Providence se rencontre dans l'alène placée
à la queue de divers animaux, et dont
ils se servent pour percer les plantes, le
bois, la peau ou la chair d'autres animaux, la chaux, le mortier et la pierre,
pour y déposer leurs œufs.

L'aiguillon des insectes ressemble beaucoup à cette alène ; la finesse de sa pointe,
la force de sa substance, la vigueur des
muscles au moyen desquels il darde, com-
parées à la petitesse de l'insecte et à la
molle contexture du reste de son corps,
sont des propriétés qui ne peuvent échapper à l'œil de l'observateur.

L'aiguillon d'une abeille perce le gant

le plus épais; il pénètre plus promptement dans la chair de l'homme que la
pointe de la plus fine aiguille : cet aiguillon offre une union de la chimie et de la
mécanique, combinées pour la défense de
la plus chétive créature. Peut-on voir
quelque chose de plus fort que le venin
que renferme cet aiguillon, qui en si petite quantité produit d'aussi puissans effets? Dans l'abeille, ce venin se forme du
miel, seule nourriture de l'animal; ce
serait là sans doute la dernière substance
dont on aurait cru qu'il fût possible d'extraire un venin aussi actif.

Quant au mécanisme de l'aiguillon,
on peut voir que ce n'est pas un instrument simple mais composé : l'aiguillon,
quoique d'une finesse extrême, n'est pas
une simple gaîne. A peu près à son extrémité, on peut apercevoir avec un
microscope deux petits trous desquels,
après que la pointe de l'aiguillon s'est
enfoncée dans la chair, s'échappent deux

alènes encore plus subtiles, qu'on peut considérer comme les véritables aiguillons, étant ceux à travers lesquels passe le poison dans la piqûre déjà faite par l'aiguillon extérieur.

La chimie et la mécanique sont ici dans un accord parfait, et cela était indispensable, car sans cette union, le mécanisme eût été inutile et les petites alènes n'eussent produit aucun effet, si le corps de l'insecte n'eût fourni le venin dont nous venons de parler : d'un autre côté le venin eût été sans objet, si, ramassé à l'extrémité de l'insecte, il n'y avait pas eu un appareil mécanique préparé pour le conduire dans les endroits où il devait agir.

Nous avons donc ici tout à la fois une alène pour percer un trou, et une seringue pour injecter le fluide. Il faut maintenant considérer la trompe que la nature a accordée à divers insectes. C'est une espèce de tube attaché à la tête de l'animal; dans l'abeille il se compose de deux parties jointes par une articulation ; car s'il était constamment tendu, il serait susceptible d'être souvent endommagé; c'est pourquoi, quand il n'est pas nécessaire d'en faire usage, il se replie au moyen de l'articulation , et se trouve alors garanti sous un auvent d'écailles.

Dans plusieurs espèces de papillons, la trompe, quand elle ne doit pas être employée, se roule comme le ressort d'une montre : chez l'abeille, cette trompe lui sert de bouche dont elle est privée, et elle lui est beaucoup plus utile qu'une bouche, pour extraire les alimens nécessaires à sa subsistance; car la nourriture de l'abeille est le nectar, c'est-à-dire une goutte de sirop placée au fond des fleurs ; elle introduit sa longue et délicate trompe dans leurs cellules, et en exprime ce précieux fluide qu'on ne pourrait obtenir autrement. La fleur n'est pas endommagée par l'action de l'abeille ; le nectar en

est pompé, mais ses feuilles restent in-
tactes.

Les boucles dont se compose la trompe
de l'abeille; les muscles au moyen desquels elle s'allonge et se resserre, sont
admirables; vue au microscope, l'agilité
de ses mouvemens est surprenante.

ENTOMOLOGIE.

Rien de plus étonnant encore que la
métamorphose des insectes; un informe
fœtus se change en chrysalide, une chenille velue devient papillon; nous apercevons quatre ailes superbes là où il n'y
en avait aucune, une trompe à la place
d'une bouche garnie de dents et de gen-
cives, et six longues jambes remplaçant
quatorze pattes.

Dans un autre cas, nous voyons un ver
d'une substance blanche et douce chan-
gé en un escarbot noir garni de dures
cornes et d'ailes de gaze; cette progression est surprenante; comment peut-elle

s'opérer? Il paraît très-probable qu'il existe en même temps trois animaux mêlés l'un dans l'autre, tous nourris par la même digestion, ayant une circulation de sang commune. Des découvertes et des expériences récemment faites semblent favoriser cette supposition.

Dans le papillon, on peut observer sous la peau du ver, l'insecte déjà muni d'ailes; dans quelques espèces, la trompe, les membres et les ailes du papillon ont été très-exactement remarqués dans le corps de la chenille; cela étant ainsi, l'animal extérieur ayant d'ailleurs sa nature particulière, sert de couverture à l'autre; sa carrière terminée il expire. Ce que nous appelons chrysalide s'offre alors à nos regards, elle constitue aussi une sorte d'existence imperceptible: elle meurt, sa coque tombe en morceaux et fait place au papillon: celui-ci se débarrasse des ordures qui l'entourent, et s'élève plein de vie et de vivacité dans un autre élément. De nouvelles habitudes, de nouveaux goûts, de nouvelles jouissances, un monde nouveau s'offre à lui. Il est impossible de ne pas supposer que les merveilles de cet insecte sont présentées par le Créateur à nos observations, comme un emblème de la résurrection du corps humain.

Pourquoi ne croiriez-vous pas que Dieu pût ressusciter les morts? disait l'Apôtre aux plus savans docteurs du paganisme. S'ils eussent mûrement réfléchi sur la nature de la chenille qui rampe à leurs pieds, la résurrection n'aurait eu rien qui pût la leur faire paraître impossible; mais nous n'avons pas besoin d'en chercher la probabilité dans l'organisation des insectes; sa certitude nous est garantie par la révélation divine, qui nous assure que nos corps mortels sont destinés à l'immortalité; il viendra un temps, nous le savons, où le corps et l'ame qui composent notre être doivent se séparer. Notre corps, placé dans la tombe, retournera à la poussière dont il est formé; mais l'ame ne peut jamais mourir; elle brise son enveloppe, et prend son essor vers un nouvel ordre de choses.

L'insecte se débarrasse de sa couverture extérieure, et la chenille rampante devient un habitant de l'air; elle s'envole, mais toujours pour remplir le but assigné par le Créateur; elle pond ses œufs et meurt : mais quand l'ame sort de son enveloppe mortelle, elle devient propre à l'éternité; elle ne meurt pas, elle vit à jamais pour le bonheur ou pour les tourmens. La religion nous apprend cette vérité consolante et terrible à la fois.

Revenons aux insectes. La plupart proviennent d'œufs. C'est dans cet état que, pendant l'hiver, la nature conserve les papillons et les chenilles. C'est ici qu'il faut admirer ses diverses ressources pour garantir l'œuf; plusieurs insectes renferment les leurs dans une coque de soie; d'autres les enveloppent dans une touffe de poil qu'ils tirent de leur corps; d'autres, comme les vers à soie, les collent aux feuilles des arbres sur lesquelles ils les ont pondus, de manière qu'ils n'en puissent être arrachés ni par le vent, ni par la pluie; quelques autres encore percent des trous dans des feuilles, y déposent un œuf, tandis que d'autres les enveloppent d'une autre substance délicate qui forme la première nourriture de l'insecte qui vient d'éclore; d'autres font un trou dans la terre, et y déposent leurs œufs, après avoir garni ce trou d'une quantité d'alimens convenables.

L'art avec lequel le jeune insecte est collé à l'œuf est également un objet digne d'observation. L'insecte, muni de tous les membres qu'il doit avoir, est resserré dans un très-petit espace; au moyen de cette contraction, il trouve dans l'œuf un endroit plus que suffisant pour s'y loger. Cette contraction des membres dénote un but particulier de la Providence; car si elle eût été le simple effet de la compression, la position des parties aurait été plus variée qu'elle ne l'est : dans certaines espèces, elle est toujours la même.

Tous ceux qui ont examiné une ruche d'abeilles ont dû remarquer avec quelle proportion admirable le miel est distribué dans les rayons : par ce moyen, il ne fermente pas ; s'il est séparé des rayons et placé dans des jattes, il entre en fermentation à un degré de chaleur beaucoup moindre que celui qui règne dans la ruche.

Que pourrait faire l'abeille de son miel, si elle n'avait pas la cire ? comment pourrait-elle l'emmagasiner pour l'hiver ? Elle trouve le miel, mais elle fait la cire. Le miel est placé au fond des fleurs, et subit probablement peu d'altération ; l'insecte se contente de le recueillir ; mais la cire est une pâte composée d'une poudre sèche ; il ne s'agit pas seulement de la pétrir au moyen d'un liquide, il faut encore qu'elle soit digérée dans le corps de l'abeille.

Cet insecte, destiné à se nourrir de miel, a reçu du Créateur une bouche formée pour l'extraire. Cependant en hiver le miel devant manquer, comment faire pour s'en procurer? L'abeille a été douée de la faculté précieuse de construire des cellules de cire pour y conserver le miel. L'aiguillon de l'abeille est nécessaire pour protéger le miel contre l'avidité d'autres insectes.

A la fin du dernier siècle, on a été surpris de voir des hommes s'élever en l'air au moyen d'un ballon. La découverte consistait dans l'invention d'une substance qui, à proportion égale, était plus légère que l'air atmosphérique. Cette découverte si nouvelle pour nous, n'est toutefois que l'image du procédé de l'araignée. Nous voyons souvent sa toile flotter en l'air et s'étendre de haie en haie au travers d'une route ou d'un ruisseau qui est assez large : l'insecte qui forme cette toile n'a pas d'ailes pour voler d'une extrémité de la ligne à l'autre, ni de muscles assez forts pour lui permettre de s'élancer à cette distance : cependant le Créateur lui a facilité un passage dans l'air ; quoique la pesanteur spécifique de l'animal soit supérieure à celle de cet élément, cependant il se trouve moins léger que la toile que l'animal tire de ses intestins. Voilà le ballon.

Les coquilles des limaçons sont encore d'une structure bien singulière et tout-à-fait merveilleuse. Les autres animaux ont des abris pour l'hiver, le limaçon trouve cela chez lui. Il voyage avec sa tente sur le dos, et cette tente, malgré sa substance délicate, est parfaitement à l'abri de l'humidité et des injures de l'air. Le jeune limaçon sort de son œuf avec la coquille sur le dos, et l'élargissement graduel que reçoit cette coquille dérive des sécrétions qui s'échappent de la peau de l'animal.

Ajoutons à cela que la coquille d'un

limaçon, avec sa colonne et sa chambre tournante, est une composition d'autant plus admirable, que le limaçon est le plus engourdi et le plus stupide de tous les animaux. On peut observer encore ici une régularité bien remarquable ; dans les mêmes espèces de limaçons, la coquille possède toujours, ou le plus souvent, le même nombre de spirales ; la fermeture de la coquille est tout à la fois combinée pour l'échauffer et la garantir ; mais la porte n'est pas composée de la même substance que la coquille. L'écaille de la queue d'une écrevisse de mer représente une cotte de maille, ou plutôt la cotte de de maille n'est qu'une imitation de cette écaille. Toutes deux ont le même but, la défense de soi - même ; c'est pour cela qu'elles sont tout à la fois fortes et flexibles, et qu'elles protègent efficacement sans nuire aux mouvemens nécessaires à cet effet. L'art n'est jamais qu'une grossière imitation de la nature : comparez l'armure de l'homme avec celle dont la Providence a muni le poisson que nous venons de citer.

Retournons aux insectes. C'est surtout dans cette classe d'animaux, lorsque le microscope nous en fait découvrir des myriades, que nous reconnaissons ce qu'on appelle *l'insatiable* variété de la nature. Bernardin de Saint-Pierre dit que, à sa connaissance, trente-sept sortes d'insectes ailés visitèrent un seul fraisier dans l'espace de trois semaines. Ray a observé deux cents espèces de papillons dans le circuit d'une demi-lieue autour de son domicile.

Dans cette immense diversité de formes animales, nous sommes portés naturellement à considérer les différentes voies qui conduisent à un seul et même but : la respiration, par exemple, ne s'opère pas généralement par la bouche, mais par des parties diamétralement opposées. Les petits moucherons ont un appareil qui les aide à s'élever sur la surface de l'eau, et à respirer par derrière. Les escarbots d'eau font la même chose, en poussant leur queue hors de l'eau ; certains vers ont une longue queue dont une partie est emboitée dans l'autre, mais qu'ils peuvent en faire sortir à volonté : cette queue contient à son extrémité une touffe étoilée qui, s'étendant sur la surface de l'eau, y soutient l'animal, et attire l'air indispensable à sa respiration.

Les vêtemens naturels des animaux sont leurs peaux revêtues d'écailles, de poils, de plumes, de glaires, d'écume, de coquilles ou de croûte. Leurs armes offsives et défensives sont les dents, les griffes, les becs, les cornes, les aiguillons, les perçoirs ou alènes, et dans une espèce particulière, le mouvement électrique.

La torpille, ou l'anguille électrique, quand elle poursuit sa proie, a la faculté de l'engourdir, comme si elle éprouvait les effets de l'électricité, de manière à ce qu'elle ne peut fuir ni résister : cet animal profite du même avantage comme moyen de défense contre ses ennemis. Quand une personne veut saisir un des animaux pris par la torpille, elle éprouve dans le bras une commotion électrique qui la met absolument hors d'état de le remuer.

Quelques animaux peuvent écarter ceux qui les poursuivent, en exhalant une puanteur insupportable, ou en troublant l'eau dans laquelle on les pourchasse.

La grande variété des créatures vivantes n'est pas plus considérable que celle de leurs appétits. Si tous les animaux avaient aimé les mêmes élémens, la même nourriture et le même abri, il eût été bien difficile qu'ils eussent pu trouver une subsistance facile et abondante; mais dans l'état où ils ont été placés par la Providence, ce qu'une espèce rejette fait les délices d'une autre; la charogne est un régal pour les chiens, les corbeaux et les vautours; les exhalaisons des substances putréfiées attirent les oiseaux par bandes; les escarbots ne se plaisent que dans la pourriture. Ce qui excite la répugnance des uns, est un objet agréable ou utile aux autres; ce qui cause la destruction d'un être vivant, rend la vie à un autre être; rien n'est perdu dans la nature, et rien ne meurt que pour renaître sous une autre forme.

FIN DE LA PREMIÈRE PARTIE.

SECONDE PARTIE.

CHAPITRE III.

PROPRIÉTÉS DES ÉLÉMENS.

Nous ne pouvons penser aux élémens sans réfléchir au nombre des propriétés qui sont unies dans une même substance.

L'air alimente les poumons, soutient le feu, envoie les sons, réfléchit la lumière, répand les odeurs, procure la pluie, pousse les navires et porte les oiseaux.

L'eau, indépendamment de la subsistance qu'elle fournit aux animaux qui l'habitent, est la nourrice universelle des plantes, et, par ce moyen, elle l'est de tous les animaux terrestres; elle est la base de leurs sucs et de leurs fluides, délaie leur nourriture, étanche leur soif, flotte leurs fardeaux et dissout une grande quantité de corps solides.

Le feu chauffe, dissout, éclaire; c'est

le grand promoteur de la végétation et de la vie.

Le feu et la putréfaction rendent l'air incapable d'être respiré, et d'entretenir la vie animale. Si ces principes corrupteurs agissaient constamment, et qu'il n'y eût point de cause pour neutraliser leur action, l'atmosphère serait bientôt dépourvue du degré de pureté qui lui est nécessaire. On a découvert quelques-unes de ces causes, et cette découverte a fait voir une main protectrice et toute-puissante.

Il est démontré que, parmi ces causes, on peut compter la végétation. Un brin de menthe enfermé dans une bouteille avec une petite portion d'air épais placé en plein air, rend cet air épais capable encore d'entretenir la respiration ou la flamme. Il existe donc une circulation constante d'avantages entre les deux grands départemens de la nature organisée ; les plantes purifient ce que les animaux ont empoisonné ; mais en retour, l'air contaminé est une nourriture bien précieuse pour les plantes.

DE L'EAU.

L'agitation de l'eau est encore un des principes qui purifient l'air : l'air le plus corrompu, remué dans une bouteille avec de l'eau pendant un certain temps, recouvre une grande partie de sa pureté; cela nous prouve les effets salutaires des orages et des tempêtes. Les vagues en fureur, qui souvent s'élèvent si haut, produisent les résultats que nous venons de remarquer dans une bouteille.

Rien de plus important, pour les créatures vivantes, que l'insalubrité de l'atmosphère; il faut donc donner une connaissance plus exacte de l'agitation des élémens, si souvent funeste, pour apprendre qu'elle contribue puissamment à rendre à l'air cette pureté que tant de causes tendent constamment à détruire.

L'eau a encore une admirable propriété

négative, c'est de n'avoir aucun goût : si elle eût ressemblé au vin, à l'huile ou au vinaigre; si la mer ou les rivières eussent été remplies de bierre, de lait ou de liqueurs spiritueuses, les poissons, constitués comme ils le sont, seraient morts; il en eût été de même des animaux qui se nourrissent de substances végétales; l'eau n'ayant point de saveur, devient pour nous le plus précieux des élémens; car alors elle nous fait parfaitement sentir le goût de tous les autres : si elle-même en avait eu un, quel qu'il pût être, il se fût mêlé à chaque substance qu'elle aurait pénétrée; alors nous aurions eu le désagrément de sentir deux fois la même saveur.

Une autre chose non moins admirable dans cet élément, c'est l'orbe constant qu'il parcourt, et par lequel, sans éprouver ni altération, ni mélange, il fournit continuellement aux besoins du globe habitable.

La chaleur du soleil fait exhaler de la

mer les vapeurs qui s'élèvent en nuages, et qui descendent en pluie. La pluie, pénétrant dans les crevasses des montagnes, alimente les sources; ces sources coulent en petits ruisseaux dans les vallées, et ces ruisseaux unis forment les rivières, qui, à leur tour, grossissent l'Océan, duquel la même eau s'exhale de nouveau en vapeurs pour former encore les nuages.

C'est ainsi que le même fluide circule sans cesse; et il est probable qu'il ne contient pas aujourd'hui une goutte de plus ou de moins qu'il n'en contenait à la création du monde. Une particule d'eau s'échappe de la surface de la mer pour remplir certaines fonctions utiles à la terre, et quand elle a atteint son but, elle retourne à l'endroit d'où elle était partie.

Quelques personnes ont pensé que nous avions trop d'eau sur le globe, la mer occupant environ les trois quarts de sa surface; mais l'étendue de l'Océan, tout immense qu'il est, ne paraîtra point plus que suffisante pour alimenter la terre, en montant en l'air pour se changer en pluie. Cette raison à part, pourquoi la mer n'aurait-elle pas, comme la terre, droit à une étendue proportionnelle? Elle peut contenir et alimenter une innombrable quantité d'habitans, et offrir de même une source infinie d'avantages : la terre est seulement habitable sur sa surface; mais la mer l'est à une grande profondeur.

L'eau paraît à un observateur vulgaire un simple élément : toutefois elle se compose de deux substances, dont chacune est tout-à-fait différente de celle qui résulte de leur union. Cette découverte est due à la chimie, qui a tant ajouté aux connaissances humaines. Qui pourrait deviner que l'eau pure pût être composée du mélange de deux sortes d'air? Rien n'est cependant plus vrai. Qui pourrait croire que l'une de ces deux sortes d'air fût le principal véhicule du feu et de toutes les matières combustibles, et que l'autre fût une des substances les plus inflammables que nous connaissions? L'un de ces airs est appelé air vital, et l'autre air inflammable. Qui aurait pu croire que c'est l'embrasement de ces deux airs qui produit l'eau?

Qui aurait pensé qu'un homme eût pu planer dans les nuages, et qu'il en trouverait les moyens dans l'eau ordinaire? Cela est cependant vrai; car c'est l'air inflammable ou gaz hydrogène que l'on tire de l'eau qui gonfle les ballons; et les ballons, remplis de cet air, s'élèvent par la même raison qu'un morceau de liège s'élève aussi quand il est au fond d'un étang. L'air inflammable est environ douze fois plus léger que l'air que nous respirons, mais on ne pourrait le respirer : si le feu le touche, son explosion est semblable à celle de la poudre; elle a souvent produit des effets terribles dans les mines où les ouvriers travaillaient à la clarté des flambeaux.

Un chimiste peut diviser l'eau en deux parties d'air qui la composent; il peut en-

suite les réunir par la combustion, de
manière à reproduire le même poids et la
même quantité d'eau qui pouvait exister
avant la combustion.

DE L'AIR.

L'air que nous respirons n'est pas une
substance simple; il se compose d'abord
de l'air vital ou gaz oxigène dont nous
venons de parler; l'autre partie de l'air se
nomme azote; cette partie comprend les
trois quarts de l'air atmosphérique, l'oxigène forme l'autre quart; il est le principe
de la respiration et de la chaleur; aucun
animal ne pourrait vivre dans l'air azote,
le feu même s'y éteindrait; mais l'union de
l'oxigène et de l'azote forme exactement
l'espèce d'air nécessaire à la conservation
de la vie animale.

Il est remarquable que, combinés d'une
certaine manière, ces deux airs produisent
l'eau-forte ou l'acide nitrique, fluide aussi
violent que le feu, et qui dissout le cuivre

aussi promptement que l'eau dissout le sel. Nous parlerons maintenant d'un autre air épais et humide qui se trouve en grande quantité dans les mines; il ressemble à l'azote, on ne peut le respirer; le feu ne le consume pas. Cet air se rencontre aussi dans les puits bien profonds; ceux qui les creusèrent y trouvèrent souvent la mort; cet air est assez commun dans les brasseries de bierre; le brasseurs en seraient souvent les victimes, s'ils ne prenaient des précautions contre sa fatale influence; la chaux en contient aussi beaucoup, ce qui la rend un excellent engrais. Quand nous brûlons la pierre de chaux, nous en faisons sortir l'air qu'elle contient : la chaux vive n'est pas autre chose que la chaux privée de cet air.

L'air est principalement composé d'une substance qu'on appelle carbone, qui est le principe nourricier de toutes les plantes : c'est pour cela que les substances que contient cet air sont de si bons engrais.

Nous le voyons uni aux terres argileuses comme aux pierres calcaires; les écailles en sont formées; par cette raison, le sable de la mer n'est utile comme engrais qu'à proportion des écailles brisées qui entrent dans sa composition.

La chaux vive a cette singulière propriété que, long-temps exposée aux influences de l'atmosphère, elle s'unit de nouveau à l'air épais dont nous venons de parler; car l'atmosphère contient une petite partie de cet air, que la chaux attire : quand la chaux brûlante a été de nouveau unie à cet air, elle perd son âpreté et retourne à son état primitif; c'est dans cet état que la chaux est un excellent engrais, et point du tout dans son état de chaux vive.

DE LA LUMIÈRE.

Il est inutile de s'étendre sur les avantages de la lumière, personne ne les conteste. Exposons en peu de mots ce que

nous en connaissons : celle qui nous arrive
du soleil parcourt quatre millions de lieues
en une minute. Avec quelle vigueur ne
doit-elle pas agir sur tous les objets animés ou inanimés qu'elle rencontre sur sa
route, et surtout sur les yeux, la plus
tendre des substances animales! On pourrait croire qu'elle a assez de force pour
réduire à l'état d'atome les corps les plus
durs; mais les effets de cette prodigieuse
rapidité sont compensés par l'extrême délicatesse des globules dont la lumière se
compose; l'esprit humain ne peut s'en faire
une idée : mais cette extrême délicatesse,
quoique difficile à concevoir, n'en est pas
moins prouvée. Une goutte de suif dans
un petit chandelier renverra des rayons
de lumière suffisans pour éclairer un tiers
de lieue d'étendue : que l'on juge, d'après
cela, des flots de lumière qui partent continuellement du soleil. La connexion des
rayons du soleil à la terre est telle, que
ceux qui tombent sur un miroir ardent

d'un pouce de large, réunis sur un point, peuvent brûler le bois.

La délicatesse et la vélocité des particules de lumière sont parfaitement proportionnées, mais elles échappent à notre intelligence.

VUES GÉNÉRALES DE LA NATURE.

Le monde est l'ouvrage d'une Providence dont la bonté est évidente, et dont les desseins ne manquent jamais leur but. L'air, la terre, l'eau produisent une foule d'heureuses créatures. Dans une après-midi de printemps ou une soirée d'été, de quelque côté que nous tournions les yeux, nous apercevons des milliers d'êtres contens de vivre; leur joie se manifeste par tous leurs mouvemens. L'atmosphère n'est pas le seul endroit où ils prennent leurs ébats et trouvent leurs jouissances : les plantes sont couvertes d'une innombrable quantité d'insectes qui se nourrissent de

leurs sucs, et paraissent en faire leurs
délices.

Si nous jetons les yeux sur les animaux
aquatiques, nous voyons une foule de
petits poissons assiéger les bords des rivières, des lacs, et même de la mer;
leur vivacité, leurs attitudes, leurs mouvemens, leur agilité dénotent mieux que
des paroles tout le degré de bonheur dont
ils sont susceptibles.

Si vous vous promenez sur le rivage de
la mer dans une soirée calme, vous re-
marquez au-dessus de l'eau un brouil-
lard épais de plusieurs pieds de hauteur,
et bien plus large encore : quand on exa-
mine cette espèce de nuage, il se trouve
que ce n'est qu'un espace rempli d'animalcules qui s'élèvent en l'air.

Les jouissances des animaux sont extrêmement variées : les bêtes de proie,
comme le faucon et le renard, mènent
une vie solitaire; les animaux d'un naturel plus doux vivent en société; cependant

tous trouvent leur bonheur dans leur manière de vivre.

Les petits des animaux paraissent exclusivement se plaire dans l'exercice de leurs membres, sans faire attention au but pour lequel ils ont été créés.

Un enfant qui n'entend rien au mécanisme du langage, n'est jamais plus heureux que lorsqu'il peut articuler des sons ; il se plaît également à ses premiers essais pour marcher, sans connaître les avantages que cette faculté peut lui procurer plus tard.

En parlant du bonheur de l'enfance, il ne faut pas perdre de vue celui de la vieillesse : un vieillard ne peut être malheureux que quand il a abusé de ses forces dans un âge moins avancé ; toutefois son bonheur ne consiste que dans le repos et dans l'absence de la douleur : les plaisirs qui naissent de l'activité lui sont interdits. La vieillesse est un intervalle de repos entre les embarras et la fin de la vie.

La satisfaction dont paraissent jouir les animaux dans le repos après le travail, nous porte à croire que ce principe de bonheur dans l'âge avancé leur est commun avec nous. Il ne nous semble pas que dans notre espèce, la jeunesse soit le seul âge heureux, encore moins le plus heureux. Un écrivain non moins distingué par ses connaissances que par sa piété, a dit :

« A l'homme éclairé et vertueux, la « vieillesse présente une scène de jouis- « sances paisibles, des appétits peu exi- « geans, des affections réglées, des con- « naissances mûries, et une tranquille « préparation à l'immortalité. Dans cet « état serein et respectable, placé sur les « confins de deux mondes, l'esprit d'un « homme vertueux se rappelle le passé, « pousse ses vues en avant, plein de con « fiance dans la miséricorde de Dieu. »

10

CHAPITRE IV.

VUES GÉNÉRALES DE LA NATURE.

(*Suite du chapitre précédent.*)

CHEZ l'espèce humaine, le bien prévaut sur le mal ; la santé sur la peine et la douleur : cela est prouvé par une circonstance bien remarquable. Si nos amis sont malades, avec quel empressement nous nous informons de leur situation ! nous ne tarissons pas sur les causes de leurs souffrances : le bonheur et la santé forment donc la règle commune ; la maladie et le malaise, l'exception.

On doit particulièrement observer que les douleurs et les misères qui affligent l'humanité dans ce monde sont en très-grande partie notre ouvrage. La guerre n'est-elle pas une source de calamités ? Combien de pères, de frères, de fils ou d'amis une seule bataille ne détruit-elle pas ? Et les habitans des pays qui sont le théâtre de la guerre, combien n'ont-ils pas à souffrir ? Et cependant tous ces malheurs n'auraient pas lieu, si les hommes aimaient leur prochain comme eux-mêmes.

Aimez vos ennemis, dit notre Sauveur ; faites du bien à ceux qui vous haïssent ; priez pour ceux qui vous persécutent, afin de vous rendre dignes de votre père qui est dans le ciel.

Les maladies, il faut l'avouer, sont un grand fléau pour l'espèce humaine ; mais elles proviennent en grande partie de nos vices. Un ivrogne et un gourmand affaiblissent leur corps par des excès qui occasionent des maladies incurables ; et s'ils sont mariés, ils transmettent leur constitution débile à leurs enfans.

Les pauvres sont en grand nombre ; mais voyons comment ils sont réduits à l'état de misère ; les uns se marient sans avoir de quoi subvenir aux besoins de leurs femmes et de leurs enfans ; d'autres ont un bon état, mais ils ne savent pas le faire valoir ; est-il surprenant qu'ils restent pauvres ? Un autre a une boutique bien achalandée ; mais les chalands le quittent, soit parce qu'il est malhonnête, soit parce qu'il veut trop gagner, et qu'il surfait le prix de ses marchandises.

Examinez bien les gueux qui demandent l'aumône sur les grands chemins et dans les rues ; ils pourraient travailler, mais ils sont paresseux et fainéans, ils aiment mieux attraper un liard en mendiant, que de gagner cinq sous par le travail : n'est-il point naturel qu'ils soient punis de leur fainéantise ? Quand nous étions avec vous, dit saint Paul, nous vous avons répété sans cesse que celui qui ne voulait point travailler ne devait pas manger.

Quand Dieu créa le monde, l'Écriture dit qu'il fut content de son ouvrage : le péché de l'homme gâta tout, et introduisit dans l'univers la peine, la misère et la mort; le cœur de l'homme devint trompeur et corrompu; la haine, les disputes, la colère, les séditions, l'envie, l'homicide, l'ivrognerie, tous les vices et les crimes, en un mot, devinrent l'ouvrage de notre nature déchue.

Mais l'incompréhensible bonté du Créateur nous a procuré les moyens d'échapper au péché et à la mort; d'abord par la rédemption du genre humain racheté au prix du sang de Jésus-Christ. Le plan de cet ouvrage ne nous permet pas d'entrer ici dans des développemens plus étendus, puisqu'il n'embrasse que les objets visibles de la création ; revenons donc à ces objets.

La principale cause de notre indifférence pour la bonté du Créateur résulte précisément de l'immense étendue de cette bonté. Nous faisons peu de cas des avantages qui nous sont communs avec le reste de notre espèce; le bonheur, à nos yeux, consiste dans la richesse, les honneurs, les dignités et les emplois qui élèvent un homme au-dessus d'un autre.

Le repos de la nuit, la nourriture du jour, l'usage libre et facile de nos membres, de nos sens et de nos facultés intellectuelles sont des dons inappréciables; mais parce qu'ils sont communs à tous les hommes, nous n'y faisons pas attention; ils n'excitent en nous aucun sentiment de reconnaissance envers le Créateur qui nous en a gratifiés; tant il est vrai que notre amour-propre pervertit notre jugement!

Tout, dans le monde, est arrangé pour le bonheur de l'homme; il dépend de lui de tirer un parti avantageux de cet état de choses : le mal existe sans doute, mais il est uniquement l'ouvrage de l'homme; car rien dans la nature ne décèle un mauvais dessein; aucun anatomiste n'a découvert un système d'organisation qui tendît à produire les douleurs et les maladies; aucun n'a dit, en analysant les parties du corps humain : celle-ci doit irriter ou en-

flammer, ce canal doit introduire la gra-
velle dans la vessie, de cette glande doit
sortir l'humeur qui cause la goutte.

Quant aux morsures et piqûres veni-
meuses, on peut observer qu'elles n'ont
pour objet que la défense de l'animal et
la faculté de se saisir de sa proie. Toutefois, sur deux cent dix-huit espèces de
serpens, Linné n'en a observé que trente-
deux d'une nature venimeuse. L'homme
ne doit s'en prendre qu'à lui-même du mal
qu'il éprouve de la part des animaux féroces et venimeux.

L'homme abandonne d'immenses et fer-
tiles contrées dépourvues d'habitans, pour
s'enfoncer dans des déserts brûlans et in-
habitables, qui peuvent être considérés
comme le sol natal des reptiles venimeux
et des bêtes féroces. Peut-il alors se plain-
dre quand il en est piqué ou mordu? La
terre est assez étendue pour fournir à la
subsistance de ses habitans, quel que soit
leur nombre; ils n'ont pas besoin d'aller

chercher des déserts arides, que le ciel n'a point faits pour eux.

Si nous considérons encore le grand but que s'est proposé la Providence en créant des animaux destinés à être la pâture des autres, nous trouverons que ce qui nous paraît un mal a pour objet de remplir un dessein de bienveillance et de sagesse dans l'économie de la nature : en voici la preuve.

L'immortalité sur la terre est hors de question : sans la mort, il n'y aurait point de génération. L'âge naturel des animaux diffère d'un jour à cent ans. On ne peut assigner la raison de cette différence.

La longueur de la vie des animaux ainsi déterminée, il s'agit de savoir quel est le meilleur moyen d'y mettre un terme pour l'animal lui-même. D'après l'ordre constant de la nature, trois voies conduisent à la mort ; des maladies aiguës, la décrépitude et la violence.

Les animaux ne sont guère sujets aux

maladies; mais s'ils devaient mourir par suite de décrépitude, voyons quel sort les attendrait. L'homme trouve auprès de ses semblables des consolations et des secours : l'animal vivant dans l'état de nature est abandonné à lui-même, et n'a point d'assistance à espérer. Si dans son état de décrépitude d'autres animaux ne venaient pas le détruire, le monde serait rempli de bêtes surannées, infirmes, mourant de faim et sans ressources.

Le système de la nature qui destine plusieurs animaux à devenir la pâture des autres est circonscrit dans certaines bornes; le lièvre fuit le chien, mais il ne craint pas le vautour; le héron cherche la grenouille dans les étangs, mais il n'attaque ni la taupe ni la souris : chaque animal connaît donc les objets qu'il doit fuir ou qu'il doit poursuivre, et la Providence a donné à chacun d'eux des moyens d'attaque et de défense.

On ne remarque point que, dans les

animaux sujets à être pourchassés, leurs craintes altèrent beaucoup leur bonheur : le danger existe continuellement pour eux, et dans certains cas, ils le sentent au point de prendre tous les moyens possibles pour s'y soustraire; mais ils ne paraissent éprouver de peine que lorsqu'ils sont effectivement attaqués; leur défaut de réflexion ne leur permet pas d'étendre plus loin leur prévoyance; un lièvre, malgré les périls et les ennemis qui l'environnent, n'en est pas moins insouciant ni moins gai.

Il faut aussi considérer les animaux de proie relativement à ceux qui se multiplient d'une manière prodigieuse. Le frai d'une morue dans une saison est si considérable, qu'elle produirait dix à douze millions de petits. Il en est de même de la grenouille : son frai est tellement abondant que, s'il n'était pas dévoré par les oiseaux, en peu d'années tout le pays serait couvert de grenouilles. On peut dire la même chose des autres animaux qui se multiplient d'une manière prodigieuse.

Nous nous plaignons d'être assiégés par une foule d'insectes incommodes, sans penser qu'ils remplissent un vide considérable dans la nature. Les immenses forêts de l'Amérique septentrionale seraient étrangères à l'existence sensitive, si des myriades d'insectes n'occupaient leur étendue. Dans les régions inhabitées de ce continent, dont les eaux croupissent, dont le climat est brûlant, l'air est rempli de ces insectes; les eaux et les étangs sont peuplés d'une immense quantité de grenouilles. Les déserts de l'Afrique sont aussi remplis de sauterelles. C'est au moyen de cette fécondité que ce qui nous semble la destruction devient le principe d'une nouvelle vie.

La nielle dans les blés ne consiste souvent que dans des légions d'animalcules que l'on ne peut apercevoir qu'à l'aide d'un microscope, mais qui n'en existent pas moins dans l'ordre des choses créées qui ont droit aux bienfaits de la nature.

Peut-être n'est-il point d'espèces d'animaux qui ne parvinssent à couvrir la terre, point de sortes de poissons qui ne remplissent l'Océan, si leur prodigieuse fécondité n'était pas entravée. Les autres animaux eussent alors manqué de place pour se loger et se nourrir. De là le principe d'une destruction partielle : la corneille détruit le ver; la grue mange la grenouille.

Ce qui prouve que le système de destruction et de stérilité entre dans les desseins de la Providence, c'est que, dans chaque espèce, l'infécondité est proportionnée à la petitesse, à la faiblesse de l'animal, aux dangers qui l'assiègent et aux ennemis qui l'environnent. Un éléphant ne produit qu'un jeune; un papillon pond six cents œufs; les oiseaux de proie en pondent rarement plus de deux;

mais le moineau et le canard en couvent fréquemment une douzaine.

Dans les rivières, nous trouvons mille petits vers pour un brochet, et dans la mer un million de harengs pour un requin.

Pourquoi rendre l'action de manger agréable, et donner à la nourriture de la douceur et du goût? Pourquoi procurer un nouveau sens pour produire un nouveau plaisir? Pourquoi le jus de la pêche affecte-t-il le palais tout autrement qu'il n'affecte la main?

L'action de manger est nécessaire, mais le plaisir qui l'accompagne ne l'est pas, et ce plaisir ne dépend pas seulement du goût, mais encore de la situation de l'organe qui en est le principe. Dans les maladies, nos goûts se dépravent, et tous les alimens nous semblent mauvais. Le goût n'est point particulier à l'homme, c'est une faculté dont les bêtes jouissent également. Un cheval en liberté passe à manger tout le temps pendant lequel il ne dort pas; ce plaisir est plus sensible encore pour le bœuf, la brebis, le daim, et tous les autres animaux qui ruminent.

S'il y a des animaux, comme le brochet et le requin, qui avalent tout d'un coup leur proie, sans se donner le temps de la savourer dans leur bouche, il n'est peut-être pas impossible que chez eux le siège du goût réside dans l'estomac.

Le sens de l'ouïe pourrait s'exercer sans avoir besoin de l'harmonie; celui du goût sans l'odeur ou la douceur; celui de la vue sans être flatté par de belles apparences. On pourra demander pourquoi cette surabondance? Mais la peine est aussi attachée aux moyens qui tendent à nous détruire ou à nous nuire : double raison de nous tenir sur nos gardes.

La peine elle-même n'est pas sans quelque douceur; elle peut être violente et fréquente, mais elle est rarement l'une et l'autre à la fois; ses intermittences sont des plaisirs réels.

Un homme qui goûte du repos après une attaque de pierre ou de goutte, éprouve un sentiment de bonheur que le plus imperturbable état de santé ne peut produire.

Deux observations viennent à l'appui de ce que nous venons d'avancer; la première, c'est que l'interruption de nos douleurs nous porte à remercier le Créateur avec plus d'épanchement que nous ne l'eussions fait, pour reconnaître les avantages d'une santé parfaite; la seconde, c'est que les esprits d'un malade ne s'abattent point à proportion de la vivacité de ses souffrances : ils paraissent au contraire s'élever, non pas précisément en raison de la peine, mais du haut degré de soulagement que procure sa discontinuation.

DE LA MORT.

Souvent la douleur contribue puissamment à affaiblir la crainte de la mort : elle en rend l'approche douce et imperceptible ; les bêtes ne la redoutent aucunement, leur défaut de facultés intellectuelles ne leur permet pas de la prévoir ; ils ne possèdent que les moyens de veiller à leur conservation, et rien de plus ; mais l'homme voudrait-il acheter un pareil avantage au prix de la perte de son intelligence qui lui permet de s'élancer dans l'avenir ?

En considérant ainsi la mort, nous ne voyons en elle que le dernier combat qui a lieu avant que l'ame se sépare du corps.

La religion nous assure qu'il y a des récompenses pour l'homme juste : cette certitude adoucit les angoisses que nous pouvons éprouver à ce terrible moment ; mais ce moment doit glacer d'horreur l'homme pervers qui est menacé de peines éternelles.

La mort entraîne une séparation : la perte de ceux que nous aimons ne peut s'effectuer sans peine : la brute n'en éprouve aucune en pareil cas ; elle aime ardemment ses petits ; mais elle les a bientôt oubliés et perdus de vue.

La raison dirigée par la religion est pour nous le principe du bonheur : un monde qui présente tout à la fois des avantages et des inconvéniens, des roses et des épines, est le séjour naturel des êtres libres, raisonnables et actifs, parce qu'il est le plus propre à donner l'essor à leurs facultés.

Nos talens, notre prudence, notre industrie, nos différens arts, nos perfectionnemens en tout, qui nous procurent tant de jouissances, seraient insignifians, si tout pouvait s'accomplir au gré de nos désirs.

La distinction des rangs dans la vie civile sera peut-être regardée comme un mal; mais, en y réfléchissant bien, on verra que ce mal n'est qu'imaginaire : d'abord, l'avantage que peuvent procurer les hautes conditions, est bien au-dessous de ceux que la nature accorde indistinctement à tous les hommes : combien, par exemple, l'agilité des membres n'est-elle pas préférable à un nombreux cortège ! la beauté à la parure, l'appétit et la santé aux apprêts d'une cuisine délicate, aux mets les plus recherchés !

L'homme qui mène une vie simple et obscure, est débarrassé des soucis qui tourmentent ceux qui sont à la tête des grandes affaires : une nourriture grossière satisfait à ses besoins; son sommeil est profond, sa santé robuste; il ne connaît ni la nonchalance ni la langueur.

La nature tend à tout égaliser; l'habitude, qui n'est que l'instrument de la nature, travaille dans le même sens : cette habitude finit par émousser les pointes de nos douleurs; mais elle nous rend aussi les jouissances moins sensibles.

Nous sommes encore très-heureux d'ignorer le terme jusqu'où peut s'étendre notre vie : si elle était fixe, ceux qui auraient la certitude de vivre long-temps,

pourraient se livrer aux plus grands dés-
ordres, et ceux qui approcheraient du
terme fatal, éprouveraient les angoisses
d'un condamné à mort, la veille de son
exécution : pour rendre incertain le temps
de la mort, il a fallu que les jeunes gens
n'en fussent pas plus à l'abri que les vieil-
lards, les hommes robustes, que les faibles. D'un autre côté, si les morts su-
bites eussent été fréquentes, le sentiment
d'un danger commun et ordinaire eût
empoisonné toutes les jouissances de la
vie, et ne nous eût plus permis de rien
entreprendre : il nous eût réduits à une
apathie, à une indifférence complète,
tant pour nous-mêmes que pour nos amis :
la manière dont la mort doit nous atteindre est donc calculée dans le but de
nous faire prendre des précautions pour
l'éviter, et de nous livrer sans trouble à
nos affaires.

DES SAISONS.

Les saisons offrent un mélange de régularité et de hasard. Elles sont assez régulières pour motiver nos espérances ; mais quand elles se dérangent de l'ordre à un degré considérable, elles nous mettent dans la nécessité de redoubler d'attention, de vigilance et d'activité pour subvenir à nos besoins.

On trouve que dans les endroits où le sol est le plus fertile, et les saisons les plus constantes, la condition des cultivateurs est la plus malheureuse : l'incertitude a donc ses avantages même pour ceux qui s'en plaignent le plus.

Les saisons de sécheresse elles-mêmes ne sont pas sans utilité ; elles obligent l'homme à faire de nouveaux efforts, à redoubler d'adresse et d'activité : elles donnent naissance aux perfectionnemens de l'agriculture, étendent les recherches et l'emploi des ressources publiques, et plus que tout cela, elles fournissent les occasions de déployer les sentimens de philanthropie qui nous portent à secourir nos semblables.

MAL PHYSIQUE ET MAL MORAL.

La vie de l'homme n'est point un état de bonheur sans mélange; ce n'est pas non plus un état déterminé de misère; ce n'est point un état de récompense, ni de punition : aucune de ces suppositions ne lui convient; il est bien plus évident que c'est un état d'épreuve, c'est-à-dire une situation calculée, pour la production, l'exigence et le perfectionnement de nos qualités morales, pour nous rendre dignes de partager le bonheur d'une autre vie.

La santé et la maladie, le plaisir et la douleur, l'opulence et la pauvreté, l'instruction et l'ignorance, le pouvoir et la soumission, la liberté et l'esclavage, la civilisation et la barbarie, offrent égalementment des devoirs et des obligations morales à remplir.

Les meilleures dispositions peuvent exister dans les états les plus malheureux, au sein même de l'oppression ; un esclave indien, par exemple, peut, dans son infortune, conserver un caractère de bienveillance. Le maître absolu d'un tel esclave qui subordonne au soulagement de celui-ci ses propres intérêts, fait sans doute preuve d'un bien beau caractère ; mais, en pareil cas, son mérite est moindre que celui de l'esclave qui manifeste les mêmes sentimens : ces conditions qui nous paraissent si différentes sont chacune un état d'épreuve.

Les souffrances d'un homme sont aussi l'épreuve d'un autre ; la famille d'un père malade est une école de piété filiale ; les infortunes de nos voisins excitent notre sensibilité, et nous mettent à portée de nous livrer à l'exercice de toutes les vertus sociales ; mais alors le malheur, pour devenir l'objet de notre compassion et de notre bienveillance, doit être accidentel ; car si dans le monde il n'y avait d'autres maux que d'évidentes punitions, la philanthropie se renfermerait dans les limites de la justice.

Le degré de bonheur dont nous jouissons dans ce monde convient particulièrement à un état d'épreuve ; ce degré poussé plus loin aurait manqué son but ; car tout imparfaits que soient nos plaisirs, ils sont plus que suffisans pour entraîner nos affections, et nous attacher à leur poursuite ; à peine nous permettent-ils de fixer notre attention sur l'état futur auquel nous penserions encore moins, si nos jouissances terrestres étaient sans mélange.

Nous voyons la même puissance, la même intelligence suprême fixant l'anneau de Saturne dans un diamètre de plus de 80,000 lieues pour environner son disque ; et le suspendant dans une arcade magnifique sur la tête de ses habitans : nous voyons la même puissance attachant un crochet à l'aile d'une chauve-souris, ou arrangeant un mécanisme pour accrocher et détendre les filamens de la plume d'un colibri.

Il nous est suffisamment démontré que ces ouvrages procèdent non-seulement d'un auteur intelligent, mais encore du même auteur; car, depuis la planète de Saturne jusqu'à notre globe, nous pouvons remarquer un plan uniforme; c'est sous la puissance de cet être merveilleux que nous vivons : notre bonheur, notre existence sont dans ses mains; tout ce que nous attendons doit venir de lui.

Notre situation ne doit pas trop nous épouvanter; dans chaque substance et dans chaque partie de substance que nous apercevons, nous trouvons l'attention bienveillante du Créateur répandue sur les plus chétifs objets. Les pivots des ailes d'un perce-oreille sont aussi parfaitement tra-

vaillés que si le Créateur n'avait pas eu
d'autre ouvrage à finir : la multiplicité, la
variété des créatures n'altèrent ni l'activité
ni la sollicitude de la Providence ; ainsi
nous n'avons aucune raison de craindre
d'avoir été oubliés ou négligés par elle :
l'existence et le caractère de la Divinité
sont, sous tous les rapports, l'objet le
plus intéressant des spéculations humaines ; mais le plus important de ces rapports est celui qui nous conduit à la
croyance des articles fondamentaux de la
révélation : une preuve bien convaincante
de cette révélation, c'est qu'il doit y avoir
dans le monde quelque chose de plus que
ce qui tombe sous nos sens : nous savons
encore que, parmi les choses invisibles
dans la nature, il doit y avoir un créateur intelligent qui les produit, les co-
ordonne et les maintient.

Mais, parmi les articles de la religion
révélée, la croyance d'un Dieu n'est pas
établie avec plus de force que dans celui

qui constate le grand œuvre de la résurrection des morts.

Cet œuvre nous paraîtrait invraisem-
blable si nous n'apercevions pas une
puissance capable de le produire, une
puissance qui pénètre dans les derniers
réduits de toutes les substances animées.

Il y a des personnes qui pensent que
la faiblesse de nos facultés dans notre
état actuel paraît démentir les hautes
destinées auxquelles la religion révélée
nous permet de prétendre; mais que ces
personnes considèrent seulement si, exa-
minant un enfant deux heures après
sa naissance, elles pourraient supposer
qu'il pût jamais résoudre les plus difficiles
problèmes des mathématiques ! Quant à
notre avenir et à notre glorieuse métamorphose, nous pouvons nous reposer
sur le Tout-Puissant pour l'exécution des
desseins que sa sagesse a conçus : cette
exécution est son secret; il ne nous est
pas donné de l'approfondir. Contentons-

nous d'espérer, et de nous rendre dignes de ses graces, persuadés que nous sommes à lui, à la vie comme à la mort; que notre vie se passe sous ses yeux et que la mort nous abandonne à sa miséricorde.

CHAPITRE V.

NOTIONS ASTRONOMIQUES,

ou

APERÇU DU SYSTÈME DU MONDE.

La surface de la terre n'est pas, ainsi qu'elle nous le paraît, une grande plaine coupée seulement par des montagnes et des vallées : la véritable configuration de la terre est celle d'une boule ronde un peu aplatie à chacun de ses bouts, comme une orange : la plus vaste montagne du monde est, par rapport à toute la terre, ce qu'un grain de poussière est à l'égard d'une pomme.

Par exemple, l'Irlande comparée à toute l'étendue de la terre n'est pas plus considérable que la plus petite tache que le bout d'un doigt pourrait faire sur une pomme, comparée à l'entière surface de la pomme. Le globe de la terre est fort étendu : une ligne qui traverserait son diamètre n'aurait pas moins de trois mille lieues de longueur. Une ligne qui ferait le tour de la terre serait longue de neuf mille lieues.

La rondeur de la terre est la raison pour laquelle nous ne pouvons découvrir au-delà de quelques lieues, à partir de la mer, ou sur une large plaine ; car sa surface échappe à nos regards : le cercle qui limite ou termine notre vue de tous les côtés où le ciel paraît rencontrer la terre, s'appelle l'horizon.

En créant la terre, le Tout-Puissant l'a destinée à tourner une fois chaque année autour du soleil. Elle a fait ce mouvement annuel depuis la création du monde ; le cercle dans lequel elle accomplit son mouvement autour du soleil s'appelle l'orbite de la terre ; nous ne nous apercevons pas de son mouvement, et cela pour plusieurs raisons ; d'abord, par suite des préjugés de l'enfance, et principalement, parce que tout sur la terre et même dans l'air et dans les nuages, se meut simultanément, par une action circulaire, de sorte que nous ne pouvons voir qu'aucun objet change de place.

DU SOLEIL.

Le soleil est un grand globe beaucoup plus considérable que la terre : il est un million de fois plus gros ; les astronomes ont découvert, à l'aide de bons microscopes, qu'il y a dans le soleil des taches épaisses que l'on suppose des trous creusés dans sa surface, et qui sont plus étendus que la terre entière.

Nous ne savons pas de quelles substances le soleil est formé ; mais il donne tant de lumière et de chaleur, que nous pouvons supposer qu'il ressemble au feu plus qu'à tout autre élément que nous connaissions. La raison pour laquelle ce corps prodigieux que nous appelons soleil nous paraît si petit, c'est la grande

distance qui le sépare de nous. Cette distance n'est pas moindre de trente-deux
millions de lieues; mais nous sommes si
peu habitués à calculer de pareilles dis-
tances, que celle-ci peut nous paraître
incompréhensible.

On peut toutefois donner une idée générale de cette distance, en observant que si
un boulet de canon, tiré de la terre au soleil,
conservait toujours la même rapidité, il
n'y parviendrait qu'au bout de vingt-deux
ans; et si la terre se précipitait vers le
soleil avec la vélocité de son mouvement
actuel, il ne lui faudrait que deux mois
pour y arriver; ainsi, pour atteindre le
soleil dans le même temps que la terre
emploie pour accomplir sa révolution an-
nuelle, le boulet de canon resterait en
route pendant cent trente-deux ans.

Nous avons vu quelquefois avec admiration des ballons s'élever en l'air; nous
avons souvent remarqué l'étonnante rapidité d'un boulet de canon; mais un

ballon n'est qu'un atome à l'égard de la terre entière, et qui oserait comparer la rapidité d'un boulet à celle de la terre dans son mouvement diurne autour du soleil?

Notre imagination peut difficilement concevoir comment le grand globe que nous habitons, cette terre solide avec ses cités, ses montagnes et ses océans, a pu depuis plusieurs milliers d'années, rouler avec tant de force dans le même cercle, sans ralentir ni augmenter son mouvement, sans s'élever ni s'abaisser, mais en suivant toujours l'invisible sentier que lui a tracé la main du Créateur.

Point de doute sur le mouvement de la terre: les savans ont poussé les connaissances mathématiques à un tel degré de perfection qu'ils peuvent mesurer le mouvement de la terre autour du soleil avec la même précision que celui d'une voiture sur une grande route: ce long et rapide voyage de la terre autour du soleil produit le changement des saisons; nous lui devons le printemps, l'été, l'automne et l'hiver, dans une progression successive. Voici comment cela s'opère : quand la terre tourne autour du soleil, elle dirige vers cet astre plutôt sa partie septentrionale que sa partie méridionale : cette direction produit l'été dans les contrées de la terre qui se trouvent au nord; en même temps l'hiver règne dans les pays situés au sud.

Six mois après, la partie méridionale de la terre est à son tour spécialement dirigée vers le soleil; alors l'été se trouve au midi et l'hiver au nord. En automne et au printemps, les parties méridionale et septentrionale de la terre sont à une égale distance du soleil.

Pendant que la terre se meut autour du soleil, comme nous venons de le dire, elle fait encore un mouvement sur elle-même. Pour s'en faire une idée, que l'on suppose une boule sur un fort fil d'archal

13

fixé dans son centre; supposez alors que vous tenez d'une main ce fil d'archal, et que de l'autre main vous faites tourner la boule autour de ce fil, vous vous figurerez facilement le mouvement de la terre sur son axe; car ce que nous appelons fil d'archal dans une boule, prend le nom d'axe quand nous parlons de la terre.

La terre roule sur son axe toutes les vingt-quatre heures : c'est ce mouvement qui nous procure le jour et la nuit. Les deux endroits où l'axe rencontre la surface de la terre se nomment pôles, il y en a deux, l'un au nord et l'autre au sud, appelés pôle arctique et pôle antarctique.

On peut observer que ces pôles sont les seuls points sur la surface de la terre qui ne se meuvent point autour de l'axe, parce qu'ils en font partie et qu'ils le terminent.

Le jour éclaire la moitié du monde, quand la nuit obscurcit l'autre.

Quand nous apercevons le matin les

premiers rayons du soleil, nous disons que le soleil se lève; comme la terre tourne, le soleil paraît monter au-dessus de nos têtes : quand il est à son plus haut degré, nous disons qu'il est midi : ensuite le mouvement de la terre nous éloigne de plus en plus du soleil, jusqu'à la nuit; alors nous cessons de l'apercevoir : pendant la nuit, nous roulons sur l'axe de la terre, et le lendemain matin nous apercevons de nouveau le soleil. Il est donc évident que quoique le soleil paraisse tourner nuit et jour autour de la terre, nos yeux sont trompés par les apparences; en réalité, c'est la terre qui tourne sur son axe, le soleil ne bouge pas.

DE LA LUNE.

La lune, ainsi que le soleil et la terre, est un globe. La terre est environ soixante fois plus grosse que la lune, et le soleil soixante millions de fois. La raison pour laquelle le soleil et la lune nous paraissent à peu près de la même dimension, c'est que la lune est assez rapprochée de nous, tandis que le soleil est très-éloigné. La distance de la lune à la terre est d'environ 80,000 lieues, un boulet de canon parviendrait en vingt et un jours de la terre à la lune, tandis que, comme nous l'avons observé, il lui faudrait au moins vingt-deux ans pour arriver au soleil.

La lune n'est pas un corps lumineux, elle tire toute sa lumière du soleil. Le soleil brille toujours sur une partie de la lune, tandis que l'autre reste dans l'obscurité; quand elle nous présente la partie qui est éclairée par le soleil, c'est pour nous la pleine lune : quand cette partie disparaît, et ne nous offre plus qu'une partie du côté illuminé, c'est pour nous la nouvelle lune qui nous apparaît d'abord sous la forme d'un croissant.

La terre paraît être pour la lune ce que la lune est pour la terre; mais celle-ci est soixante fois plus grosse que la lune. La lune se meut dans une direction circulaire autour de la terre, comme la terre autour du soleil : ce mouvement se fait en un mois. La lune tourne aussi sur son axe, mais pas à beaucoup près avec la même rapidité dont la terre roule sur le sien. La lune tourne sur son axe une fois en vingt-huit jours, de manière que l'année de la lune n'a que treize jours et treize nuits, mais chacun de ces jours dure autant que vingt-huit des nôtres.

DES ÉCLIPSES. — INFLUENCE DE LA LUNE. — LA TERRE.

Disons maintenant un mot des éclipses :
Quand la lune se trouve entre la terre et le soleil, une partie du soleil nous paraît couverte par le disque de la lune : de là provient l'éclipse du soleil. Quand la lune est derrière la terre, c'est-à-dire quand la terre est directement entre le soleil et la lune, la lune quelquefois tombe dans l'ombre de la terre; car la terre projecte

toujours une ombre épaisse dans sa partie la plus éloignée du soleil : c'est ce que nous appelons la nuit. Cette ombre s'étend jusqu'à la lune, et même au-delà ; quand la lune rencontre cette ombre, elle perd toute la lumière qu'elle tire du soleil. Et voilà ce qui forme l'éclipse de lune.

Autrefois l'ignorance des peuples les faisait trembler à la vue des éclipses ; mais on en connaît aujourd'hui parfaitement les causes, et les astronomes peuvent indiquer avec précision le jour et même la minute à laquelle elles auront lieu, même dans des milliers d'années.

Le plus grand avantage que la lune nous procure, c'est de nous servir de fanal dans les ténèbres de la nuit : elle est aussi la cause des marées. Les hautes ont lieu tous les quinze jours, quand la lune commence et quand elle est à son plein. Les basses marées se rencontrent aux périodes de la lune, lorsqu'elle est à la moitié de sa croissance.

On pense aussi que la lune influe beaucoup sur le temps, probablement en occasionant dans l'air des fluctuations semblables à celles qu'elle produit dans l'eau ; car l'air est un fluide ainsi que l'eau ; seulement il est plus délié, par conséquent susceptible d'éprouver à un plus haut degré les influences de la lune.

Anciennement plusieurs nations adoraient le soleil et la lune ; nous lisons dans l'Écriture Sainte que les Assyriens et les habitans de Canaan adoraient Baal comme un dieu, et Astarté comme une déesse : l'un était le soleil, et l'autre la lune.

On regarde le monde où nous vivons, c'est-à-dire la terre, comme une planète considérable ; mais s'il y avait des habitans dans le soleil, ils n'auraient pas une aussi haute idée de notre globe.

La terre ne leur paraîtrait qu'une petite tache, et quant à notre lune ils ne pourraient l'apercevoir qu'à l'aide d'un bon télescope ; mais ils n'en auraient pas besoin pour découvrir d'autres mondes plus parfaits roulant autour du soleil, et dont les plus petits sont au moins trois cents fois plus grands que la terre. Ces mondes, configurés comme la terre, tournent, ainsi qu'elle, dans de grands cercles autour du soleil : on les appelle planètes.

DES PLANÈTES.

Chaque planète se meut dans une orbite qui lui est particulière. Ces orbites ne sont pas toutes de la même dimension : celle d'une planète qui est près du soleil est plus petite que celle d'une planète qui est plus éloignée.

La planète la plus proche du soleil est *Mercure* ; vient ensuite *Vénus*, et par gradation *la Terre*, *Mars*, *Jupiter*, *Saturne*, *Herschel*. Ces planètes nous paraissent si semblables aux étoiles, que peu de personnes en aperçoivent la différence. Les planètes ne sont pas lumineuses par elles-mêmes, mais elles brillent à nos yeux, de même que la lune, par la réfraction des rayons du soleil.

Les planètes ressemblent à la terre sous plusieurs rapports ; ainsi qu'elle elles tournent sur leur axe, et ont, par conséquent, leurs jours et leurs nuits. Elles ont aussi leurs diverses saisons, leurs hivers, leurs étés, leur temps de semence et de récolte. Avec de bons télescopes nous pouvons y distinguer, vers les pôles, pendant leurs hivers, de la blancheur qui disparaît pendant leurs étés.

Nous pouvons faire des observations plus distinctes dans la lune, qui est beaucoup plus près de nous ; avec de bonnes lunettes nous y découvrons de hautes montagnes, des précipices, d'immenses vallées, et des trous profonds sur sa surface. Il y a aussi dans la lune d'immenses plaines transparentes, qui sont peut-être ses mers. A la vérité, il n'est pas certain qu'il y ait de l'eau dans la lune ; mais il paraît évident qu'il y a du feu, car dans ses éclipses, avec des lunettes, on a très-bien distingué les flammes qui s'en échappaient.

Mercure fait sa révolution autour du soleil en quatre-vingt-sept jours : c'est moins de trois de nos mois. La distance de Mercure au soleil est d'environ douze millions de lieues; c'est un peu plus qu'un tiers de la distance de la terre au soleil. *Mercure* n'est qu'un petit monde, qui n'a que la seizième partie de la terre; encore est-il quatre fois plus grand que la lune. Son extrême éloignement nous le fait paraître très-petit. La chaleur y doit être neuf fois plus vive que sur la terre; les rayons du soleil doivent y être éclatans à proportion, de sorte que notre vue ne pourrait pas les supporter.

Vénus est à peu près de la même dimension que la terre, mais son année n'est pas aussi longue. La distance de Vénus au soleil est d'environ vingt-huit millions de lieues; la lumière et la chaleur qui règnent dans cette planète sont à peu près les mêmes que sur la terre. Nous voyons souvent Vénus; c'est cet astre que nous appelons tantôt l'étoile du matin, tantôt l'étoile du soir.

Après Vénus vient la Terre, puis la planète qu'on appelle Mars, dont la grosseur est à peu près la huitième partie de celle de la terre; mais sa distance du soleil est une fois et demie plus considérable; ainsi sa chaleur et sa lumière sont beaucoup moindres. Nous apercevons souvent Mars parmi les corps célestes; nous le distinguons à sa lumière un peu obscure, et constamment rougeâtre.

Jupiter.

Vient ensuite Jupiter : c'est une immense planète, qui est treize cents fois plus grande que la terre. Sa distance du soleil est quatre fois plus considérable que celle qui sépare notre globe du même astre. Son année est douze fois la nôtre; il lui faut douze années pour accomplir son mouvement autour du soleil; encore ce mouvement est-il soixante-dix fois plus rapide que celui d'un boulet de canon ; mais l'étendue de la sphère dans laquelle il se meut est telle, qu'il lui faut tout ce temps pour achever sa révolution. La chaleur et la lumière de Jupiter sont faibles, en raison de sa distance du soleil. Il est probable que l'été de cette planète est plus froid que notre hiver. Jupiter roule sur son axe en dix heures; de sorte que ses jours et ses nuits sont très-courts. Les nuits de cette planète sont très-brillantes, parce que Dieu lui a donné quatre lunes pour l'éclairer; nous ne pouvons apercevoir ces lunes qu'au moyen de télescopes : l'une d'elles est aussi grande que la terre. Nous voyons très-souvent Jupiter; il paraît à nos yeux l'un des plus étendus, des plus brillans et des plus admirables des corps célestes.

Saturne.

Après Jupiter vient Saturne, autre planète considérable, mille fois plus grande
que la terre, et dix fois plus éloignée
qu'elle du soleil. Saturne n'accomplit sa
révolution autour de cet astre qu'en quatre-vingt-dix-neuf ans; il a sept lunes
pour embellir ses nuits; mais le soin de
la Providence ne s'est point borné là,
car cette planète est encore entourée d'un
puissant anneau assez étendu pour que la
terre pût rouler dessus; il brille sur la
planète, quand il reçoit les rayons du
soleil, comme la lune sur la terre, par la
réfraction de ses rayons. L'anneau de Saturne ne peut pas être aperçu à yeux nus,
mais on le découvre facilement à l'aide
de bons télescopes.

Il est une planète bien plus éloignée de
nous, et dont nous connaissons peu de
chose; elle s'appelle *Herschel*, du nom
de l'astronome hanovrien qui l'a décou-

verte. Elle est dix-neuf fois plus éloignée du soleil que la terre, dont elle a dix-neuf fois l'étendue. Il lui faut quatre-vingt-cinq ans pour achever sa révolution autour du soleil : elle a au moins six lunes.

COMÈTES.

Il serait maintenant convenable de dire quelque chose des comètes; mais nos connaissances à cet égard ne s'étendent pas loin. Elles paraissent ressembler aux planètes, en ce qu'elles se meuvent comme elles autour du soleil, non pas dans une orbite circulaire, mais dans un ovale ou ellipse. Ces orbites de comètes sont ordinairement longues à proportion de leur largeur; le soleil est toujours dans l'ovale, et très-proche de son extrémité, de sorte que quand la comète se trouve dans cette partie de son orbite, elle est très-près du soleil. Quand les comètes s'approchent ainsi du soleil, elles paraissent prendre feu, et laisser échapper une queue lumineuse qui a quelques millions de lieues de longueur.

Quand une comète apparaît au milieu de nos planètes, nous l'apercevons; mais lorsqu'elle s'en éloigne, elle disparaît à nos yeux. Ces comètes enflammées par le soleil sont mille fois plus ardentes que le fer rouge, et bien plus froides que la glace quand elles sont à l'extrémité de leurs orbites. Il y a des gens qui s'effraient à l'aspect d'une comète; il n'est certainement pas impossible que l'une d'elles ne vienne à se heurter contre la terre; et si cela arrivait, c'en serait probablement fait de nous. Mais cet événement ne paraît guère vraisemblable; car de quelques centaines de comètes qui ont apparu, il n'en est aucune qui ait jamais touché l'une des planètes.

ÉTOILES FIXES.

Les corps dont nous venons de parler, le soleil, les planètes avec leurs lunes, et les comètes, forment ce qu'on appelle le système solaire; mais dans une nuit claire nous apercevons une multitude d'autres étoiles dans le firmament. Il est bon d'en dire quelque chose : on les appelle étoiles fixes.

Ce sont des corps qui ne brillent pas d'une lumière faible et empruntée, comme les planètes ; leur lumière provient d'elles-mêmes, comme celle du soleil. Les astronomes ne doutent aucunement que ce ne soient des soleils de la même nature que celui qui nous éclaire. Il n'est pas improbable que chacune d'elles ne soit le centre d'un système solaire particulier, avec des planètes, des lunes et des comètes roulant autour d'elles.

L'imagination de l'homme ne peut concevoir la distance qui sépare ces étoiles de la terre; notre globe n'est ici qu'un point imperceptible; en dix mille siècles un boulet de canon n'atteindrait pas l'étoile fixe la plus proche de nous.

Les étoiles nous semblent se lever à l'orient chaque soir, et se mouvoir au-dessus de nous jusqu'à l'occident, à mesure que la nuit avance ; mais ce mouvement n'est qu'apparent. C'est la terre qui tourne sur son axe ; les étoiles ne bougent pas. Voilà pourquoi on les appelle étoiles fixes.

Le nombre de ces étoiles, vues à travers de bons télescopes, paraît aussi considérable que celui des grains de sable de la mer. Dans une petite réunion de ces étoiles qu'on appelle les Pléiades, où l'œil nu n'en aperçoit que sept, le télescope de Herschel en a fait voir deux mille.

Dans la nuit la plus claire, nos yeux ne peuvent découvrir que mille étoiles ; mais le télescope dont nous venons de parler nous en fait distinguer quatre-vingt millions, c'est-à-dire quatre-vingt mille pour une que nous voyons à yeux nus. Si Herschel avait pu pousser son télescope à un plus haut degré de perfec-

14

tion, nous eussions pu, sans doute, connaître des étoiles à une plus prodigieuse distance.

Il ne faut pas confondre ces étoiles avec celles que nous appelons étoiles tombantes ou qui filent : ces dernières ne sont que des étincelles qui ne s'élèvent qu'à quelques lieues au-dessus de la terre.

Ces étoiles ou soleils, si éloignées de nous, ne sont pas aussi près l'nue de l'autre qu'elles le paraissent ; leur distance respective est incommensurable.

Peut-on supposer que ces soleils si vastes et si éloignés de nous n'ont été créés que pour étonner la vue du petit nombre de personnes qui regardent au travers du télescope de Herschel ? N'est-il pas plus raisonnable de supposer que chacun d'eux ressemble à notre soleil dans le but pour lequel il a été créé, c'est-à-dire pour procurer la lumière et la chaleur, le jour et la nuit, l'été et l'hiver, la saison de la semence et celle de la récolte, aux planètes et aux lunes qui roulent autour de lui? Pourquoi imaginerions-nous qu'ils ont été créés en vain, et pour remplir inutilement d'immenses espaces?

Nous voyons que chaque partie de la terre que nous habitons est remplie de créatures vivantes; les déserts de l'Afrique abondent en millions de serpens, en nuées de sauterelles qui obscurcissent l'horizon; la plus grande partie de la Sibérie est couverte de souris; les marais de l'Amérique sont tellement peuplés de moucherons, que l'air ne paraît être qu'une composition de ces insectes.

L'eau n'est pas moins peuplée que la terre : quelques morues peuvent produire en un an des descendans plus nombreux que toute l'espèce humaine.

Ce serait peut-être aller trop loin que de supposer que, quand chaque endroit de notre petit globe abonde ainsi en créatures vivantes, tous ces mondes innombrables, immenses et magnifiques dont nous venons de parler ne seraient que des déserts créés uniquement pour amuser les astronomes.

Dans les planètes de notre système solaire qu'il nous est impossible d'apercevoir, nous avons constaté les changemens du jour et de la nuit, la succession régulière des saisons, et pour plusieurs de ces planètes l'existence de leurs lunes respectives. Présumons-nous que ces jours ne sont pas destinés au travail et ces nuits au repos? que ces saisons ne produisent pas de récoltes, ou que ces récoltes ne sont pas destinées à des consommateurs, et que les nuits de ces planètes sont éclairées par des lunes qu'aucun œil ne doit apercevoir?

Nous ne savons pas où la création s'arrête; peut-être ne s'arrête-t-elle nulle part. Nous reconnaissons que Dieu remplit tout l'espace; c'est pour cela que nous disons qu'il est infini. Il est impossible à notre imagination d'en concevoir les limites.

L'éternité du temps ne présente pas plus de difficulté à notre intelligence que l'infinité de l'espace. C'est un sujet assez intéressant pour fixer toute notre attention.

Nous savons que Dieu n'a pas eu de commencement, et qu'il n'aura jamais de fin; c'est pour cela que nous disons qu'il est éternel. Nous savons aussi que notre vie a eu un commencement, mais qu'elle n'aura pas de fin, parce que, dans un autre monde, nous devons vivre à jamais heureux ou misérables, selon la conduite que nous aurons tenue dans cette vie, où nous ne sommes que pour un temps très-court, qui doit toutefois déterminer notre sort dans l'éternité.

Si, dans cette vie, notre fortune devait dépendre de notre conduite pendant une seule heure, combien ne nous empresserions-nous pas de mettre cette heure à profit ! Mais l'importance de l'immortalité excède d'une manière incommensurable celle de la vie comparée à une heure.

Nous devons être humiliés, sans doute, quand nous pensons à notre insignifiance comparative et à la chétive substance de notre petit globe, qui n'est qu'un point à peine perceptible relativement aux sphères majestueuses qui roulent sur nos têtes. Mais les soins du Créateur s'étendent au plus petit comme au plus grand de ses ouvrages; chaque fleur d'un champ est formée par son pouvoir et maintenue par sa providence; chaque insecte, chaque reptile a un cœur, une cervelle, des poumons, des vaisseaux sanguins construits avec autant d'art que ceux de l'homme lui-même. Dieu veille à tout; rien n'échappe à son attention; il nous a lui-même assuré par Jésus-Christ qu'il a compté tous les cheveux de nos têtes, et qu'un moineau ne peut tomber sur la terre sans qu'il s'en aperçoive.

Ainsi, quand nous adorons l'immensité de son pouvoir, nous devons nous reposer sur sa protection paternelle et sur le soin qu'il prend de chacun de nous; c'est ce qui doit bien nous mettre en garde sur le terrible danger de désobéir à ses commandemens.

FIN DU MONDE.

Nous ne devons pas terminer cette revue de la création sans penser au moment où ce grand œuvre prendra fin : il a commencé, il doit donc finir. Dieu, du reste, nous a formellement révélé cette vérité.

Nous ne pouvons nous représenter la manière dont s'opérera cette terrible catastrophe; c'est un secret qui est renfermé dans le sein de l'Éternel, et qu'il n'a pas jugé à propos de nous révéler entièrement.

Rien, sans doute, de plus imposant et de plus extraordinaire dans la nature que l'avènement du Sauveur et l'embrasement du monde; rien de plus capable d'affecter notre imagination que l'idée de la plus grande gloire qui ait jamais paru sur la terre, et en même temps de la plus épouvantable terreur; un Dieu descendant à la tête d'une armée d'anges, et un monde embrasé sous ses pieds. Avant ce jour terrible, les cieux seront couverts d'épais nuages, et un voile s'étendra sur toute la surface de la terre; de son sein partiront des flammes ardentes; les montagnes exhaleront une fumée épaisse; les rivières seront desséchées; des tremblemens de terre auront lieu dans divers endroits; les eaux de la mer se retireront en mugissant, comme si elles étaient agitées par une affreuse tempête; le jour présentera un aspect lugubre, et la nuit ne sera qu'une scène d'horreur.

L'air se remplira de météores d'une forme et d'une grandeur extraordinaires; des globes enflammés roulant dans le firmament, des éclairs mêlés à des coups de tonnerre épouvantables, la lune et les étoiles dérangées dans leurs mouvemens et bouleversées comme si les cieux allaient s'anéantir, et toutes les lois de la nature disparaître; voilà le terrible spectacle qui nous attend. C'est alors que les cieux s'ouvriront tout à coup, et que la gloire de Dieu paraîtra dans un éclat bien supérieur à celui des rayons du plus brillant soleil.

Nous pouvons aisément nous imaginer combien les hommes coupables devront être saisis d'épouvante à la vue d'un juge qui viendra dans un appareil aussi imposant prononcer sur leur sort.

La nature entière attend dans un silence religieux la décision suprême qui va l'anéantir; les anges et les démons, les génies protecteurs et destructeurs ont leurs instructions : tout est prêt pour l'heure fatale. Le signal est donné; tout le monde sublunaire s'enflamme. Si nous pouvions nous faire une idée de ce que ce spectacle offrira d'affreux, nous croirions y voir une image de l'enfer.

Réfléchissons donc à la vanité et à la gloire éphémère de tout ce monde habitable. Nous voyons que, par la force d'un seul élément qui rompt toutes ses barrières, la nature, les ouvrages de l'art, tous les travaux de l'homme sont anéantis. Si nous supposons qu'il s'élève encore une tempête, que les flammes ont maîtrisé toute la substance corporelle, l'embrasement finira par un déluge de feu qui couvrira la terre entière.

Tout ce que nous admirions comme des objets de grandeur et de magnificence disparaîtra ; tout sera simple comme la nature. Où sont alors les grands empires et leurs superbes cités ? où sont leurs colonnes, leurs trophées et leurs monumens de gloire ? Ce ne sont pas seulement les cités et les ouvrages des hommes qui périront ; les montagnes et les rochers, qui paraissent devoir durer toujours, fondront comme la cire à un soleil ardent ; on n'en trouvera plus la place.

Ici, dira-t-on, se trouvaient ces Alpes imposantes qui couvraient tant de pays, qui étendaient leurs bras de l'Océan à la mer Noire; cet énorme amas de pierres a disparu comme un faible nuage dans la pluie. Ici étaient les montagnes d'Afrique et le fameux Atlas, dont le sommet s'élevait dans les nues; ici étaient le Caucase glacé, le Taurus et les montagnes de l'Asie, et plus loin, vers le nord, celles du Riphlau couvertes de glace et de neige : tout cela a disparu, et s'est fondu dans une mer de feu.

L'ame de l'homme reste immortelle et impérissable, et passe dans une éternité de délices ou de tourmens.

FIN.

TABLE DES MATIÈRES

CONTENUES DANS CE VOLUME.

—

FIN DE LA TABLE.